FASHION
DESIGN
BRANDING

时装设计·品牌

吕越 主编

张茜宜 乔丹 副主编

国家一级出版社　中国纺织出版社　全国百佳图书出版单位

内 容 提 要

本书系统地介绍了如何在品牌的概念下展开服装设计，以模拟品牌运营的方式进行教学，该课程由"自选品牌""限定品牌""自创品牌"和"附录"四部分组成，"向大师学习""向生活致敬"及"向内心发问"。自选品牌，学生有充分选择品牌进行模仿的自由，可以将国际大师的品牌作为案例进行学习、提取和凝练；限定品牌，学生不再有选择品牌进行模仿的自由空间，是按照教师的要求指定国内的品牌，在结合市场的需求下，以向生活"致敬"的态度来完成品牌设计；自创品牌，学生要以创新、创业为前提，创立独立的、由简到繁的设计师品牌。通过这样的三部曲，将品牌服装设计由易到难进行学习。

本书还介绍了时装品牌设计的工作流程，为以后的品牌设计打下基础。书中选用部分优秀实例进行示范说明，以便于读者能够更生动形象地理解时装品牌成衣设计的特点和方法。

图书在版编目（CIP）数据

时装设计·品牌 / 吕越主编. --北京：中国纺织出版社，2018.10

ISBN 978-7-5180-5269-1

Ⅰ．①时… Ⅱ．①吕… Ⅲ．①服装设计 Ⅳ. ①TS941.2

中国版本图书馆CIP数据核字（2018）第171842号

策划编辑：张晓芳 责任编辑：朱冠霖 特约编辑：彭 星
责任校对：寇晨晨 责任印制：何 建

中国纺织出版社出版发行
地址：北京市朝阳区百子湾东里A407号楼 邮政编码：100124
销售电话：010—67004422 传真：010—87155801
http://www.c-textilep.com
E-mail：faxing@c-textilep.com
中国纺织出版社天猫旗舰店
官方微博 http://weibo.com/2119887771
北京玺诚印务有限公司印刷 各地新华书店经销
2018年10月第1版第1次印刷
开本：710×1000 1/16 印张：9.25
字数：105千字 定价：68.00元

凡购本书，如有缺页、倒页、脱页，由本社图书营销中心调换

序

　　《时装设计·品牌》是为学习服装设计、爱好服装设计，甚至教授服装设计的人而著。与其说是一本书，不如说是教学思路的剖析，让大家看到我的思考过程。设计与品牌是我再次执教之后，思考最多的内容。十年的职业设计师工作经历，让我亲历了中国服装由商标到品牌的变化过程，我们到了品牌时代。我意识到品牌对服装设计的重要性，我不再为"好"设计不能投产而惋惜。因为再好的设计如果不能与品牌理念一致，也只能是被弃之。如果说品牌需要与否成了评判设计好坏的标准，那么设计初始就要根据品牌的要求进行构思。设计是有针对性的，就成衣而言，设计是为品牌而生的，它针对的就是品牌。

　　我接到创建中央美术学院时装专业的任务以后，第一个设立的主干课程便是"品牌模拟三部曲"，其思路就是"抬头看天，低头看地，在天地之间寻找自己"，最后目的是找到自己，并以自创品牌的方式呈现出来。十年的教学经历，我在服装品牌方面积累了丰富的经验，期间也有过多次的补充和修正，今天虽以书籍的方式出版，但我相信在今后的教学中还会不断更新，本书只能是一个起点。

　　本书参加编写的另外两位作者张茜宜和乔丹，都是有品牌设计工作经验之人。张茜宜是我教过的学生，在本科学习时代，就跟从我学习过品牌模拟课程，硕士阶段又协助我授课，一同整理课件，撰写学生作业反馈的部分；乔丹则是在韩国读博士期间与我讨论较多，在编写过程中，对本书进行补充和整理工作。感谢两位的参与，帮助我完成了此书的编写工作。

　　另外，感谢那些上过品牌模拟课程的同学们，尤其是在大学四年级的时候上完自创品牌课程，继而在毕业之后走上创业之路，将课程作业发展成今天有影响力的独立设计师品牌的毕业生们，你们的成绩让我欣慰，也鼓励后来的学子们有信心建立自己的品牌。你们是在读学生的榜样，也是我的骄傲。我在书里收录了你们的作业和你们品牌的作品，感谢你们的支持，祝福你们。

编者
2018年1月

目 录

第一章　品牌与风格——向大师学习　　　　1
第一节　选择模拟品牌　　　2
第二节　品牌调研内容　　　3
第三节　设计方法与灵感　　　14
第四节　设计方案实现　　　18
本章知识要点　　　20
案例　　　22

第二章　品牌与市场——向生活致敬　　　　28
第一节　大众市场品牌　　　29
第二节　产品构成元素　　　32
第三节　品牌信息收集与分析　　　33
第四节　设计概念制订　　　43
第五节　色彩选择与确定　　　53
第六节　面辅料市场调研　　　60
第七节　服装结构设计　　　65
第八节　设计制图与样衣制作　　　72
本章知识要点　　　73
案例　　　74

第三章　品牌与设计——向内心发问　　　　88
第一节　品牌文脉　　　89
第二节　品牌创新　　　90
第三节　自创品牌策划　　　93
第四节　自创品牌当季设计方案　　　107
本章知识要点　　　116
案例　　　117

附录　　　　123
续1——中央美术学院独立设计师现状　　　123
续2——自选品牌、限定品牌以及原创品牌的
　　　　市场调研内容比较　　　141

第一章 品牌与风格——向大师学习

　　本章是"三部曲"的第一步，是针对自选品牌的模拟课程训练，内容侧重于对国际大师品牌的了解和分析，认识其品牌理念与设计风格，从而建立品牌概念。探寻大师品牌中如何创新、如何引领时尚以及对流行趋势的展现，将这些信息汇总并作为模拟品牌的依据。通过模拟某品牌设计师的工作，来了解和把握时装品牌设计的整体风格，有效地开展设计，并体会设计的"创新性"。"自选"的意思是凭学生自己的喜好，选定品牌进行模拟，限制在"大师"品牌的范围，即在网上可以查到相关资料，例如每年两次的时装周发布会。这些规定是为了学生方便获得品牌信息，以补充实地调研的不足。通过对流行趋势的整理运用，确定灵感来源或主题来源，为所选品牌做新一季的规划，结合服饰色彩理论，在流行色、面料、小样效果图和平面款式图等方面开展设计。通过加强对品牌风格的把握以及流行趋势的合理运用，提高对品牌时装设计的掌控能力。

第一节　选择模拟品牌

了解时装的发展趋势，并能够准确地为你的所选品牌定位，是保证产品和设计良性发展的前提。

为了能够展开自己的设计，需要对一定数量的大师品牌进行调研，从中选取出自己感兴趣的两个品牌，做深入、专业化的剖析，以得到的数据和基本资料为前提，进行模拟该品牌当季产品的设计。

在进行服装品牌的选取时，首先要确定是自己喜欢的服装品牌风格。只有调研自己喜欢的品牌风格时，才能通过调研后比较顺利地投入设计。另外，要把调研的品牌尽量地锁定在国际知名的大师品牌，而且选择调研的两个品牌必须是同一消费层面的，这样有利于被调研的两个品牌之间进行比较和分析。选择的两个品牌的风格要尽量相近，并能够在相近中找出不同点。例如，香奈儿（Chanel）（图1-1）和巴黎世家（Balenciaga）（图1-2）同为时尚界最具影响力的品牌，创立于同一时期。香奈儿有着高雅、简洁、精美的风格，设计善于突破传统，早在20世纪40年代就成功地将女装风格推向简单、舒适；巴黎世家则引领了1930～1968年很多重要的时尚运动，代表性的成衣系列、皮具、鞋和饰品也取得了全球性的成绩。经过对两个品牌的比较和分析，最后在两者之间再确定一个品牌，来进一步地调研和分析。

图1-1　香奈儿（Chanel）　法国1913年
设计风格：简洁、高贵、优雅、细致、奢华、永不褪流行

图1-2　巴黎世家（Balenciaga）　法国1919年
设计风格：格调简洁，被喻为"革命性"的潮流指导

第二节　品牌调研内容

一、品牌内涵的熟悉

　　国际设计大师的品牌名称就是品牌DNA的总体表达，它是一个符号，是品牌文化的解码，也可以说是一个服装风格类别的代名词。

　　例如，香奈儿（Chanel），当我们看到这个品牌名字之后马上会联想到粗花呢外套、有绗缝线迹的黑色皮包、双C标识和山茶花。当这些品牌元素重复出现在每一季的秀场和卖场之中，久而久之在消费者脑海中就会形成强烈的印象，那么，这些产品的代表符号就构成了香奈儿品牌的品牌DNA（图1-3）。

　　香奈儿品牌的DNA是什么？

·黑色与白色

·服装的几何造型

·带有粗花呢边的套装

·双C的标记

·山茶花

·双色拼接的鞋子

·菱纹格

·中间絮软物的皮革制品

·皮革、弯曲的金属、珠宝

·珍珠首饰

·胸针

图1-3　卡门·卡斯身着香奈儿1963年秋冬高级定制系列套装

香奈儿品牌给你留有什么印象？

· 创造性　Creativity
· 高质量　Quality
· 神秘性　A mysterious brand
· 热情　　A passionate brand
· 现代　　A modern brand

从香奈儿的官网上可以看到五个关键词，这五个关键词是香奈儿品牌用来强调品牌DNA的，也是品牌希望传递给顾客的。

1. 了解品牌Logo

Logo是品牌名称的图形、图象化的视觉再现。Logo是帮助我们认识品牌的另一个助手，图形化的形象比文字形式更能吸引人的注意，能够在脑海中迅速产生联想。例如，香奈儿的Logo设计（图1-4）是来源于她的创始人Gabrielle Chanel，Coco是Gabrielle Chanel的小名，为了纪念自己的品牌，将两个开头的字母双C作为Logo，双C第一个意思是取于自己的名字，另一个意思是女人的双面性；Logo运用自己钟爱的黑色与白色进行美丽的幻化，实现一种完美的和谐。

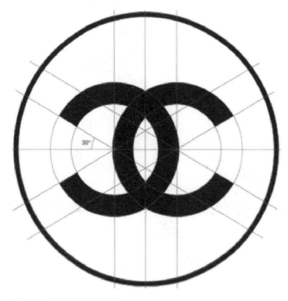

图1-4　香奈儿品牌形象

2. 熟悉品牌历史及创建品牌的设计师经历

　　首先，品牌历史和设计师经历是形成品牌风格的主要因素，也是我们了解品牌的重要内容，当我们需要调研一个品牌时，首先需要熟悉调研品牌的历史沿革和创建品牌的设计师，另外该时期的服饰文化背景也要有所掌握，因为服装品牌的发展历史与服装史是相互交融的，品牌风格同时也受时代背景的影响。

　　其次，要了解品牌的现状及其多元化的延展。在服装细分化的市场下，多品牌战略及多元化延展是品牌发展的手段。在不同的领域拥有多个品牌，或由一个主线品牌和多个副线品牌的结构已成为品牌发展的格局。

　　以上都可以成为品牌调研前需要准备的重要内容（图1-5）。

（1）

图1-5

Acne studios

（2）

designer
Jonny Johansson

Acne Studios 只是一个拥有18年历史的品牌，今年45岁的Jonny Johansson1996年在斯德哥尔摩和另外三个合伙人成立Acne Studios，这是一个多元化的兼数字电影、设计、创意咨询为一体的团队。Jonny Johansson是联合创始人及设计师，而时装只是众多范畴的一部分，他在接受*Interview Magzine*采访时表示，Acne Studios即将进军家具行业。

在Jonny Johansson的学生时代，他是一个不折不扣的摇滚青年，自己组乐队到处演出，他想要被人记住，站在乐队最前面做吉他手和主唱。Jonny Johansson年轻时经历了好几个乐队，其中最有名的是Violet的乐队。他最早从瑞典的一个小镇来到斯德哥尔摩一心想当一名摇滚音乐人，"我为Acne Studios牺牲了我的乐队！"没想到完全没有经过专业服装设计训练和时尚背景的Jonny Johansson之后会建立一个叫ACNE的创意王国。

当时Jonny Johansson他们想要做一些不一样的产品，第二年他们迎来了自己的标志性产品：红色缝线粗犷生牛仔裤，无意中向玛丽莲·梦露（Marilyn Monroe）和詹姆斯·迪恩（James Dean）这两位美国偶像进行了致敬。1997年Jonny Johansson为了好玩，设计了100条牛仔裤送给朋友。时尚业内人士、平面设计师、电影人、年轻的嬉皮士等都开始穿这款牛仔裤。不久*Wallpaper*上出现了跨页报道，接着法国《时尚》（*Vogue*）和瑞典《Elle》也争相报道，Acne Studios就这样一炮而红。

（3）

Acne Studios是个特立独行的公司，从来不在时尚杂志上投放广告，2005年开始自己发行半年刊*Acne Paper*，和众多时尚品牌发行的刊物不同，*Acne Paper*并不是兜售其自家衣服多么能让顾客们光彩，连Acne自家衣服在服装册里出现的机会都少得可怜。*Acne Paper*关注的是整个时尚艺术界而不是他们自己。"我们不是要炫耀和吹捧什么，我们有自己的审美，尽管它有些尖锐或尖辣，但仍旧和人们的生活息息相关。"这是Jonny Johansson在最开始为*Acne Paper*定下来的基调。杂志每期都有一个主题，*Acne Paper*试图创造出一个永恒却又具有启发性的阅读世界。如今满本时装摄影外塞几个艺术文化报道的时尚杂志已然泛滥，艺术得问到让人透不过气来的杂志也不少，而*Acne Paper*的风格独树一帜，不可取代。

自从1996年Acne Studios成立以来视觉上的创意就没有间断过，不管是有趣短片还是和品牌合作的创意短片，也有着Acne的独特嗅觉。现在是一个全媒体的时代，Acne Studios的优越性开始显现出来。

前段时间Chanel推出由老佛爷的爱宠超模Cara Delevingne主演的微电影《Reincarnation》，可见如今时尚界对视频化的东西情有独钟，时尚女魔头Diane Pernet，在2008年很有先见性地创立了时尚电影节A Shaded View On Fashion Film，使时尚短片得到了时尚界、电影界的空前关注。

这样看来或许Jonny Johansson才是最有先见的，或许这和Jonny Johanson最爱的偶像有关，他也想打造一个Andy Warhol般的先锋工厂，这个工厂里面不仅有电影，还有独立的杂志、广告创意以及成衣系列等。"在60年代，每一个人对每一个人都感到异味盎然。在70年代，每一个人开始抛弃每一个人。"Jonny Johansson现在不想抛弃每一样东西，如今ACNE的版图正在扩大，即将涉足家具行业，Acne Studios的家具你会买单吗？估计又要有一大批时尚潮逐者会为了一件Acne Studios的家具产品而雀跃了。

（4）

图1-5　品牌调研

3. 了解品牌风格

　　一个品牌的风格决定了这个品牌的生命力。服装品牌风格也可以理解为品牌的独立精神和存在与本质相融合的气质，是区别于其他品牌的特质。例如，美术领域中的野兽风格、抽象风格、写实风格、波普风格等各种流派；音乐领域中的古典音乐、摇滚音乐、乡村音乐等风格。就服饰而言，风格是一个时代、一个民族、一个流派或一个人的服装在形式和内容方面所显示出来的价值取向和艺术特色。

　　就品牌而言，风格不仅表现了设计师独特的艺术诉求和内在品格，其时代的特色与当下的潮流也有所展现。品牌所追求的境界归根结底就是对风格的定位及统一性的把控。设计风格通过每一季的作品不断地强化，最终给我们留下深刻印象。知名的国际品牌在每季都会运用固定的色彩与当季的流行色来进行搭配；运用该品牌经典的服装廓型与当季流行廓型相协调；运用品牌标识或图案的变化来贯穿品牌的风格，并且与当季流行的风格相统一。设计师们在反复强化品牌DNA的同时，确保了消费者对该品牌的产品持久不断的关注。一个品牌的风格并非单一孤立的，多元化的发展或是多种风格的并驾齐驱才是市场成功的关键。在当今品牌竞争激烈的市场环境中，同时具有定位风格、复合风格、交叉风格的产品才更具竞争力。

4．秀场款式

秀场款式有多少到店铺里，是调研的另一个重要内容。秀场上的衣服不一定都是要去店里销售的，有些会被改变成更加适穿的样式，有些则不会投产，不会出现在店面里了。这种对比调查，可以使学生们更加了解秀场和店铺的关系，了解概念款和投产款的关系，更好地理解品牌产品风格如何从秀场款的浓烈转化成市场款的清雅和适穿。

如果说品牌风格是通过服装来表达艺术与思想的话，那服装款式（style）就是品牌风格的具体体现。虽然很多服装品牌在市场的激烈竞争下要追逐当下的流行要素，但是在一些国际知名品牌中还是一贯地坚持表现自己品牌的DNA。这些品牌DNA，在每季的发布上，处处体现在款式的细节中。品牌DNA可能在瞬息万变的时尚大潮中无法全面地展现服装品牌的艺术魅力和影响力，这时就需要一些传播速度快、影响范围广的流行元素来搭配设计，为整季系列作品添色。服装设计师用怎样的方法将流行元素和固有的品牌精神进行融合设计，这些都要在调研的环节中进行重点考察，比如流行色和品牌色的配合，创新面料的应用以及流行廓型的体现等，这些信息怎样有效地识别和利用是考察服装设计师设计和整合运用的能力。在调研过程中，分析秀场图片、流行信息资讯是品牌调研的基本点，对品牌的风格定位、款式特征以及服装品类占比情况的数据分析是调研的重点，这些调研分析成果都会用到未来的模拟设计中。如图1-6所示香奈儿2014年秋冬高级成衣与2015年度假系列这两季的风格对比中不难发现，香奈儿的优雅、奢华、女性等风格还是突出地表现在设计中，另外结合高级成衣和休闲系列，并迎合成衣市场的需要，加重了现代风格和大众风格的比重，搭配流行色彩及元素为整季系列作品增添了活力（图1-7）。

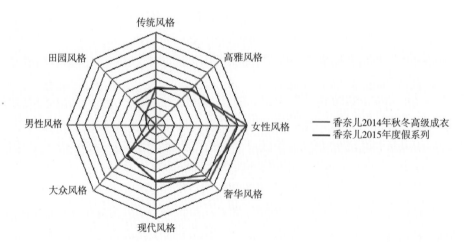

图1-6　香奈儿2014年秋冬高级成衣与2015年度假系列风格对比

图1-7　香奈儿2014年秋冬高级成衣与2015年度假系列作品

二、营销环境的调研

1. 对调研品牌的地点、产品消费层进行分析

　　调研是整个模拟品牌设计教学的基础和重要组成部分。调研地点的选择决定了调查产品的多寡、品类的完整和货品流通的情况。由于城市的差别、商圈的规模及地理位置的不同，品牌产品所针对的消费层会有所区别。品牌调研的"大本营"可以安排在香港、澳门地区和国外主要城市的黄金商业圈（图1-8），例如香港的中环置地广场、金钟太古广场、尖沙咀海港城海洋中心和韩国首尔狎鸥亭、日本东京的银座等商业圈。调研地点的确定等同于描述了消费群体，同时品牌商品的定价也反映了品牌档次，这些都有助于帮助我们了解被调研品牌的定位。

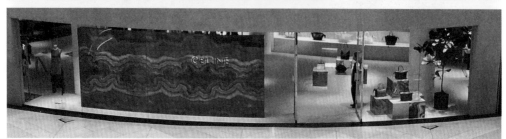

图1-8　中央美术学院设计学院时装专业在香港进行品牌调研（陈亚萍）

2. 店面实地考察

店面实地考察是对调研品牌的店铺和产品进行分析，调研店面VMD（Visual Merchandising）是了解品牌风格的另一个途径。VMD意思是"视觉营销"或者"商品计划视觉化"，包括对商品的企划、构成以及如何对商品的色彩、尺码、形状进行有序地陈列，还有道具、家具的摆放，卖场环境、宣传POP、照明等一系列用可见的形式向顾客传达信息的技术。VMD不仅是一种操作方法，更重要的是一种传达品牌形象和理念的渠道。VMD在我国主要包括三大部分：SD——空间设计布局（Store Design）；MP——商品陈列形式（Merchiandise Presentaition）；MD——商品企划（Merchandising）。

在具体的调研过程中，首先，要观察的是店铺橱窗展示（图1-9），通过橱窗中的空间构图、设计方法、色彩、背景、装饰道具、灯光以及服饰搭配这七个元素，可以了解品牌当季传达的一些流行信息，这些信息都有助于理解品牌的风格。

图1-9　FENDI 实体店橱窗调查（陈亚萍）

其次，要收集服装商品的色彩规划、陈列等主要调研要点，甚至还要观察店面里面有无沙发、宣传海报、配饰等细节，这些店面设计都是品牌的审美体现以及服务水平和品牌风格的表达。

再次，需要画出店面平面图，在平面图上明确功能分区，标出架杆分布情况及产品数目和种类。图1-10所示为学生在香港置地广场FENDI店面进行品类调研情况，包括当季服装品类与一层、二层店面分布情况。

然后，调研货品的储货量。

最后，对该品牌在其他商场中的店面进行了解，比较该品牌在不同店面是否有陈列及货品的区别和差异，并研究造成这种区别和差异的原因。

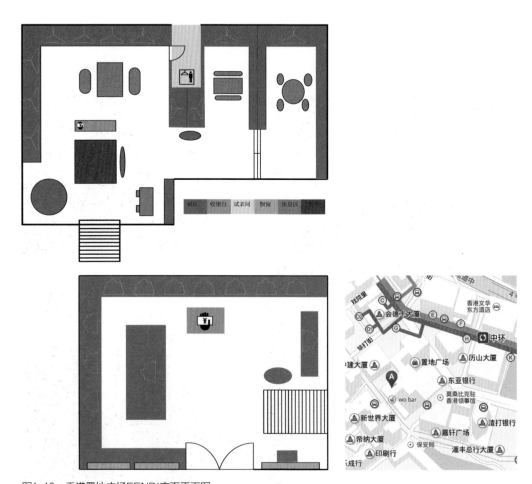

图1-10　香港置地广场FENDI店面平面图

三、体验单品及款式分析

　　体验单品是在调研品牌店铺时近距离的观察产品，是对品牌分析及产品对比分析的重要组成部分。近距离的观察产品，会对品牌内涵有更深刻的领悟，与欣赏图片不同的是，更能从市场或生活来理解品牌，而非片面的通过时尚大片、媒体渲染来盲目的推崇。这种退去镁光的视觉使你更真实地了解品牌魅力。调研的过程中，除了观看吊牌、款式、工艺、细节、装饰品以及触摸面料之外，还要走进试衣间试穿你心仪的服装，这也是体验单品中不可或缺的环节。体验之后，对比秀场与成衣之间的变化，了解品牌为了达到营销目的，单品与单品之间的搭配有怎样的改动；为了实穿性，哪些夸张的细节被省略等，这些分析都要一一记录在案。

图1-11　款式分析与试穿：FENDI秀场、卖场、细节分析

　　如图1-11所示，FENDI款式分析与试穿。第一款连衣裙从秀场到卖场的面料改变了，由硬朗挺括变为轻薄且柔软，更加实用。另一款服装的面料厚实挺括，经过破缝与黑色欧根纱拼接，更加透气。总体上可以看出，从秀场到卖场衣服都更加适穿。

第三节　设计方法与灵感

一、设计灵感的确立

　　设计灵感可以选择有形的也可以是无形的，可以是视觉的也可以是非视觉的。

　　设计师要具备用五官感知世界的能力，一幅画、一本杂志、一张照片以及生活中其他物象都可以作为形象运用在设计中，成为主题和灵感。作为一名设计师要有丰富的创造性和强烈的个性意识，能从平凡的生活中寻找隐藏着设计主体的原始素材，同时还要拥有敏锐的感知能力。设计灵感确立时，要以市场调研为基础，进行各种信息的收集和分析，理解和把握当季的潮流趋势，以结合其品牌的经营理念来进行设计。设计师在举办产品展示会的半年到一年前就应该做出下一季的设计企划，确定当季产品的风格和主题。为了更好地诠释主题，设计师经常会通过一些图片来表达设计灵感，把能够表达设计主题的照片、色彩、面料或廓型集中在一张或几张概念板上。

　　流行趋势的调研是在进行设计时必须要做的前期工作。无论做什么设计，了解市场、了解品牌的定位和风格是至关重要的，设计最终是要转化为商品的，以市场为目标，以消费者的需求为主导才能创造出价值，所以不能过于自我的去表现设计师的喜好。从灵感、主题、流行趋势、面料小样等信息的收集都能为新一季的设计构成元素和导向来服务。

二、设计灵感与大师风格的结合

首先，设计主题要明确，在设计时要有一个清晰的目标，把品牌定位以及给人感觉上的印象等用具体的图像表示出来。

其次，在服装品牌设计和生产时，确立设计概念是十分必要的。只有确立了当季的设计概念，品牌形象才能在设计中通过产品表现出来，从而强化品牌DNA，使品牌从生产到推广销售的所有环节都能紧紧围绕着设计概念来运作（图1-12）。

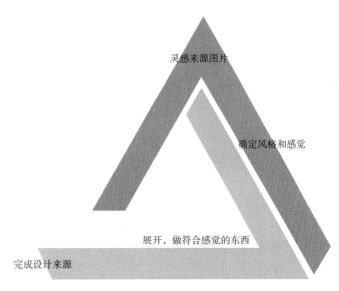

图1-12　确立设计概念

在制定设计灵感时，设计灵感要具体化到细节。例如，选择城市元素，那么是想呈现城市的繁忙、奢华、还是现代感？另外，一些具象的文化解码，例如，洛可可呈现的曲线感，朋克呈现的反叛等也可以变成服装设计乃至于主题设计的灵感来源。此外，还要善于发现品牌的特性和流行趋势的典型设计点，再加入自己的创意，使三者得到融合。最终使新产品秉承大师品牌的一贯风格，不失流行的元素，又拥有自己的新创意。

三、案例：以洛可可风格为例，举例说明灵感元素提取方法

1. 确定什么是洛可可风格

　　洛可可艺术（Rococo art）发源于路易十四（1643~1715年）时代的晚期，流行于路易十五（1715~1774年）时代，是法国18世纪的艺术样式，最初是为了反对宫廷的繁文缛节艺术而兴起的。洛可可最先出现于装饰艺术和室内设计中，路易十五登基，给宫廷艺术家和一般艺术时尚带来了变化。曾经的巴洛克设计逐渐被有着更多曲线和自然形象的元素取代。纤细、精美、轻快的洛可可风格设计被视为是伴随着路易十五的统治而来，又称"路易十五式"（图1-13）

图1-13　以洛可可风格闻名的瑞士圣加伦修道院图书馆大厅

2. 提取洛可可艺术的特质

- 曲线趣味，常用C形、S形、漩涡形等曲线为造型的装饰效果。
- 构图非对称法则，而是带有轻快、优雅的运动感。
- 色泽柔和、艳丽。
- 崇尚自然。
- 人物意匠上的谐谑性、飘逸性，表现各种不同的爱，如浪漫的爱、母爱等。

3. 洛可可艺术在服装设计中的体现

香奈儿（Chanel）品牌的首席设计师卡尔·拉格斐（Karl Lagerfeld）将"2012/13早春度假系列"选在凡尔赛宫的花园中发布，湛蓝的天空、碧绿的草地、灵动的喷泉为到场嘉宾展现一幅宫廷胜景。该系列的灵感源自玛丽·安托瓦内特皇后（Marie Antoinette），她是法国国王路易十六的妻子，在法国时尚史上占有重要地位。设计师将洛可可服装风格与香奈儿经典设计巧妙融合，搭配粉彩复古假发和复古妆容，令人时光交错，仿佛游走于18世纪和现实之间。天空蓝、粉红、薄荷绿、白色、米色等粉彩点亮了整个系列。图1-14所示为粉彩薄纱和纯色针织礼服裙，在前襟饰以凡尔赛宫图案的立体刺绣，或在袖管饰以玛丽皇后式层叠褶皱，打造柔和轻快的洛可可风格；腰间搭配白色珍珠腰链，斜挎帅气的Boy Chanel手袋；脚上搭配轻松舒适的厚底鞋，或是优雅的半镂空高跟包头凉鞋，现代摩登。

图1-14 Chanel 2012/13早春度假系列

第四节 设计方案实现

在制作产品设计方案时，首先要标明所模拟品牌的名称和产品Logo。然后，确定设计方案的灵感来源和设计主题，灵感来源可以用能够表达灵感来源的图像和文字，文字分析有助于更加鲜明地传递灵感来源及设计感觉的主题形象，主题形象可以是一段文字，也可以是一幅图片或者绘画作品，还可以自己来创作灵感来源图。图1-15所示，这位同学的灵感来源于苏州园林与上海博物馆中的藏品，通过将调研采风中的图片进行梳理和拼接，形成季度产品的企划概念。

图1-15 灵感来源（范典 调研）

为了更加鲜明地传递品牌风格，在设计时要注意典型品牌特色和局部特点细节的运用，因为每一个微小的设计细节都传达着品牌的格调。便于有更加直观的视觉感受，可以选取一些面料作为当季的设计面料样片，放入设计方案中。在设计方案中色彩运用、面料选取、细节处理以及目标市场等因素都能够相互强化缺一不可时，才能制作出一个成功的品牌策划方案。

在设计产品时，选择一款受欢迎的面料是至关重要的。由于面料特性的多样性以及本身的重量、纹理等不同，服装能裁剪出形式各异的廓型变化。如图1-16所示，通过主题灵感图片选取了质地轻盈的印花面料，通过面料的轻盈质感使主题灵感和品

图1-16 效果设计图

牌风格很好地结合。在选择面料时，如果造型出具有体积感和褶皱感的设计时，有光泽的面料能根据光线的反射展现出面料的光泽；如果是轻薄透明的设计，那么宽松的廓型有利于展现面料飘逸感。面料的选取和呈现的效果有着很重要的关系。

款式设计图由效果图和平面款式图两部分组成（图1-17）。

款式设计要从生活中汲取设计灵感，依据设计灵感来寻找并确定设计主题，要让品牌风格接近消费者，然后根据设计概念的形态特征、风格特色以及内在精神，进行细致的观察、提炼，最终用设计语言把设计概念变为商品。还要注意确立主题与灵感时，首先要确定设计风格，例如，都市的、女性的、成熟的、喧闹的、浮华的、性感的、干练的、古典的、曲线的、流动的。

平面款式图全称是平面款式结构图，也可简称为结构图、平面图或款式图。本文简称平面款式图。平面款式图要有正反两面及设计细节标注。要注意的是，在画设计图时要加入对当季流行趋势的分析以及具体细节的运用，包括大品牌的时装发布图片和流行趋势综合报告分析。

至此，市场调研以及对各种渠道获得的资料分析，已经对服装品牌有了一个相对清晰的概念，就可以从宏观的市场判断到微观的细节设计。一个品牌设计师应当具备的各种素质，会在设计方案确定的整个过程中有所体现。成功的设计能够传达出品牌的理念和设计师的希望。

图1-17　款式设计图

本章知识要点

通过"向大师学习"了解品牌与风格，在选定模拟品牌之后做深入、专业化的剖析，以得到的数据和基本资料为前提，进行模拟该品牌当季产品的设计。品牌调研内容在熟悉品牌DNA的基础上，对设计师简历、风格、秀场款式进行基础的资讯收集，才能更好地理解品牌产品风格如何从秀场款的艺术性转化成市场款的适穿性。之后在品牌卖场的实地调研中对品牌的店铺和产品进行分析完成品牌产品调研图册，以调研的方法将品牌的历史及特色，加以概括成条目化的图集。另外一部分是设计图册，在品牌当季产品的市场调研后，了解市场、了解品牌的定位和风格是至关重要的，设计最终是要转化为商品的，以市场为目标，以消费者的需求为主导才能创造出价值。并在梳理流行趋势后，确立设计灵感，灵感、主题、流行趋势、面料小样等信息的收集都能为新一季的设计构成元素和导向来服务产品设计。时装产品调研图册和设计图册的内容要点如下：

时装产品调研图册一

· 模拟品牌名称

· 品牌发展历史

· 设计师简历

· 海报

· 秀场概览

· 秀场与成衣比较

· VMD 视觉营销

　SD—店铺空间设计与规划布局

　MP—商品陈列形式

　MD—商品计划、商品策略

· 平面规划图

· 品目及比例

· 分析

以调研为灵感设计图册二

· 设计灵感来源

· 风格主题

· 色卡

· 料卡

· 面料处理小样

· 平面设计图20套

· 设计效果图20套

Marc Jacobs

自选品牌模拟

1

ABOUT MARC JACOBS   品牌介绍

MARKET RESEARCH ABOUT MARC JACOBS (HK)   店面橱窗
店面规划
catwalk
品类数据

MY PROJECT FOR MARC JACOBS 2011 S\S RTW   设计灵感
色彩面料
设计草图
款式设计

MY VITA

MARC JACOBS

MARC JACOBS

2

MARC JACOBS

（马克·雅可布）

　　Marc Jacobs以"Bad Boy""时装金童"等称号闻名于时尚界，被公认为近十年来全球最具影响力的时装设计师之一。

　　的确，Marc Jacobs拥有独一无二的创意，而且传承了上一辈时尚大师的精炼风格，轻而易举地建立起一套属于个人雅致而摩登的时尚美学。一方面，他重建了传统而奢华的法国老字号时装工作室，与此同时，他也将纽约 Grunge风格与街头着装样式巧妙混搭，而不失高级时装的平和。毫无疑问，他就是锋芒毕露的天之骄子。

　　Marc Jacobs的服饰以奢华的面料、优雅的剪裁著称，同时又体现着新与旧之间现代感的交融，主流与边缘的鲜明对比。Marc Jacobs向来注重推崇穿着个性化，不随波逐流，穿上Marc Jacobs的女性总是活跃而与众不同的。他的极致创造力永远带有时代气息。然而，他认为女性应该是独立并且拥有自己的生活方式，因而在他的设计中，从来没有任何符号和限制。同时，他也在艺术与商业之间找到了平衡点。

　　Mare Jacobs的时尚风格宣扬了一种自由精神。他的时装哲学体现在现代感和女性美。为了表现出服装的柔软和舒适，他试着用大量绸缎、光滑真丝以及轻质的纯棉等面料来象征奢华的简单性。另外，他试着为新浪漫主义风格增加一份都市时髦气息，从而创造出带有前卫颠覆性的多样融合。

MARC JACOBS

设计师马克·雅可布（Marc Jacobs）个人档案：
中文名：马克·雅可布
英文名：Marc Jacobs
生日：1963年9月9日
星座：处女座
出生地：美国纽约
设计系列：LV（LOUIS VUITTON）· Marc Jacobs、Marc by Marc Jacobs
名言：
　　"我不像阿玛尼（Armani）那样涉足家居系列，甚至酒店业。我没有兴趣售卖所谓生活方式。我只是想做点衣服，这是让我感觉最幸福的事。时尚并不支配你我的生活。我也喜欢美食、音乐、艺术，享受生活。没有谁需要注册加入某种生活方式。你应该可以随时改变心意，只要你自己喜欢就好。"
　　"我的设计是为这样的女性准备的，她们从不会只为了诱惑男人或与他们上床而选择一件衣服。"
　　"我只需要取悦一个人——那就是赏识我雇用我的贝尔纳·阿尔诺（Bernard Arnault）。我知道最好的方式就是商业上的成功，而我也做到了。"

5

MARC JACOBS 2010s/s RTW
MARC JACOBS2010年春夏成衣系列

6

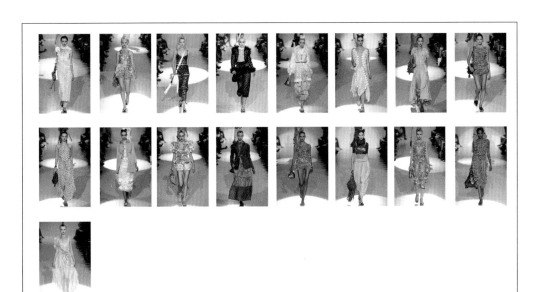

MARC JACOBS 2010s/s RTW
MARC JACOBS2010年春夏成衣系列

7

调研一：香港 置地广场

此店设在地处香港中环繁华地段的大型
奢侈品购物中心——置地广场的二层，
根据其货品数量及店面大小判断出这家
Marc Jacobs算是香港的旗舰店。

8

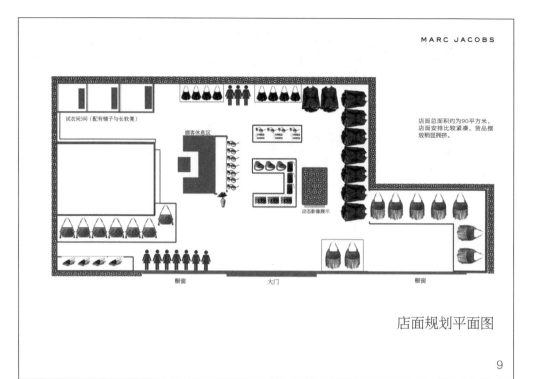

试衣间3间（配有镜子与长软凳）

顾客休息区

动态影像展示

店面总面积约为90平方米，店面安排比较紧凑，货品摆放稍显拥挤。

橱窗　　　　　　大门　　　　　　橱窗

店面规划平面图

9

店内实拍　　　　　　　　　　细节

同面料，同设计元素，不同款式，多种颜色

实体店货品与品牌catwalk比较

实体店货品多为catwalk设计中面料质感与主要工艺的延伸及"再设计"。

同面料，不同设计元素，新款式

catwalk造型
2010s/s RTW　　　　细节

店内实拍　　　　　　　细节

10

MARC JACOBS

调研二：香港 国际金融中心连卡佛

此店同样设在香港中环地区，毗邻置地广
场，为 Marc Jacobs 在香港设立的两家店
之一，货品较置地广场店少。

11

MARC JACOBS

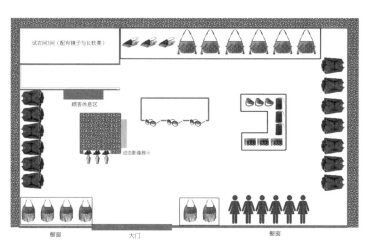

店面总面积约为80平方米，店
面安排比较紧凑，货品摆放稍
显拥挤。

店面规划平面图

12

注 本案例来自马思彤PPT作业

第一章 品牌与风格——向大师学习 27

第二章 品牌与市场——向生活致敬

　　品牌与市场——向生活致敬是对"限定品牌"的模拟课程训练。

　　"限定品牌"中，"限定"是指全班同学按照老师指定的品牌进行调研，没有选择的权利。在此体会对不了解甚至不喜爱的品牌如何进行信息分析以及对此展开设计。这一章强调设计的实用性、服装的适穿性和生活方式带来的变化，以及如何解决生活中的问题，还需要体会服装如何满足生活方式的需要以及与环境气候的相适性。

　　以品牌定位为核心，通过案例分析及品牌的市场调研，进一步深化对品牌概念的理解。首先针对指定品牌进行市场调研，收集大量资料和信息，对目标品牌、整体市场需求、同类产品等进行了解；然后对所收集的资料和信息进行分析、整理及汲取；最后模拟目标品牌的操作程序进行系列的服装设计。根据限定品牌的产品定位，通过调研制订品牌企划方案，为品牌进行产品系列设计，提交产品设计方案图册，并制作出样衣。通过从宏观、抽象到具体设计思路的引导，训练从品牌概念转化为蕴含品牌理念和设计思想的产品的能力。通过系列产品设计思路的指导，训练对产品整个系列的整体控制能力。

第一节　大众市场品牌

为了解服装产品并为模拟品牌进行定位，就必须了解高级定制、高级成衣和大众市场三个主要市场。在限定品牌模拟课程中主要针对大众市场，为广大消费者提供更多标准尺寸、合理价格、舒适的品牌服装。

在了解大众市场品牌价值之前，首先，要了解什么是服装品牌价值？服装品牌的价值主要来自于产品本身的价值，包括产品的品质、面料的价值、工艺的精细程度等；其次，体现设计的价值，设计所赋予产品的价值，即创造力的价值，其附加值的升值空间是无限的。设计与成本无关，即使选用的不是高档面料，由于设计的概念新颖和独特，产品价值的提升空间非常大；最后还要在服装细节上花更多心思，围绕设计师对设计以及生活方式的理解与概念来进行设计工作，旨在提升产品和品牌的价值。在模拟大众市场品牌设计的实训中，要把握住在基于产品品牌精神的前提下，造型要服务于主题，在当季的主题下，造型可以多样化、流行化，把握住品牌的设计与限定，个性与品牌的融合就可以做到品牌和产品的形神统一。

一、品牌设计与限定

作为一个品牌的设计师，在掌握品牌设计风格和消费人群定位之后，在设计过程中会受到很多客观因素的制约。

1. 季节性

服装的季节性是根据时节和气候的变化而定义的，一般来说设计分为春夏S/S和秋冬A/W两个主要季节。按照季节的分类可以完成服装中色彩、面料以及品类的设定。例如，春夏的服装色彩多会选择明快、活跃的明亮色调、轻柔色调等，而秋冬服装色彩多选择暖色调、深色调等厚重的用色。

在近几年的品牌调研中不难看出，很多大众成衣品牌为了更灵活地应对市场或者占有市场，季节的划分越来越模糊，在秋冬季节中质地轻薄的春夏单品也同时出现在货架上。另外，这种灵活性还表现在品牌在制定季节划分时常常使用早春、盛夏、初秋以及冬末等跨越性时间概念，来满足消费者求新求快的服装消费心理。

2. 设计主题

每一季的设计主题是开展设计的核心，是产品各个要素围绕表现的创意源泉。服装季节主题狭义上是指一种文字观点，也可以理解为一个题目，其实是对一种设计风格和设计思路的概括。文字观点的表达形式多样，很多时候图文并茂的方式可以更好地将之诠释，好的主题文字还起到凸显设计的作用，使消费者产生共鸣。

一个题目或者说是设计概念还应具有延展性，不仅会丰富品牌的内涵、扩充产品品类，在营销的搭配和陈列中也可以有多种形式的体现，从而促进消费群体的购买。通常品牌的整个季度产品有一个大的主题，大的主题下会按照小系列的划分产生多个小主题。大主题在设定时要借助国际流行资讯平台，参考主流时尚媒体的趋势报告来确定。在确立了大的主题之后，再就小系列进行独立主题的拟定，这些独立主题要符合品牌季度风格，考虑主题间的衔接和连贯性。

3. 功能性

服装的功能在于符合人体工学的原理，穿着有舒适感，可以适应气候的变化等，所以服装的功能性成为限定设计的主要元素。目前，市面上商务休闲服装、户外运动服装、防寒服装、童装中针对功能要求而进行设计，它们的功能性、舒适度、质量和采用的技术要求会相对较高。其中影响服装舒适的因素主要是用料中纤维性质、纱线规格、坯布组织结构、厚度以及缝制技术等。

4. 材料运用

材料是服装设计造型的物质基础，有了材料才能将服装的款式和色彩具体地呈现。设计师可以通过材料的创新组合来激发设计灵感，服装材料的运用在某种程度上也成为品牌设计师考虑的主要要素。服装材料的运用首先要考虑该品牌惯用的主导面料，同时还要兼顾受流行影响下新材料运用的比例。服装材料的运用要兼顾触觉和视觉的质感，触觉的质感主要来源于服装的质地，纤维的成分、构造，生产流程上的不同也会对触觉产生差异性的效果；视觉的质感主要来源于材料的肌理，是材料表面的组织结构、纹理和形态产生的审美体验，这两者同时可以传达出服装的舒适感和视觉美感。

5. 设备和技术支持

如今大众市场的服装品牌越来越重视各种服装技术的投入，某些特殊的工艺能否实现、成本能否减少、利润能否最大化，这些都与服装的技术支持密不可分。只有重视服装的技术支持才能提升产品的技术含量和品质，才能为品牌盈利以及在消费者中树立良好口碑。服装技术的多元化、现代化是其特征，其中包括设备、原料方面的染整技术、染色技术、制板工艺、制作工艺、后处理、生产工艺、样衣制作研发、辅料使用等多方面的技术支持。除此之外，服装的特殊功能性、服装定型、服装包装等不同的专业技术也为服装在品质上的提升提供了产业方面的支持。

6. 价格设定

价格设定是服装品牌占有市场的关键。另外，价格对于大众市场的服装品牌来说是确保销售增加和实现利润增长的关键。商品价格的设定包括生产成本、采购运输和营销推广三个方面。生产成本包括原料、辅料、加工费，这也是通常所说的直接成本；间接成本涵盖采购费用、运输费用、经营费用、销售费用、宣传推广费用等。不同的公司根据不同的情况制定自己的价格标准，常用的方法有成本加成法、目标推算定价法、价值定价法、竞争定价法和系数定价法。成本加成法是以生产成本为向导，在生产中加入管理、销售费用和期望利润目标后得出；目标推算定价法是以市场为导向，预先设定出价格；价值定价法、竞争定价法和系数定价法也被很多品牌所采用。系数定价法如图2-1所示，低档产品或长销商品一般是在生产成本3~4倍的价格区间；中高档商品或畅销商品是在生产成本8倍左右的价格区间；高档商品或主题商品则是在生产成本12倍左右的价格区间；像奢侈品已经达到了生产成品的几十倍，其蕴藏的附加艺术价值和收藏价值是主要的销售空间。

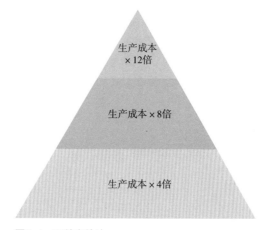

图2-1 系数定价法

二、将个性与品牌融合

个性是个人在思想、性格、品质、意志、情感、态度等方面不同于其他人的特质。任何设计师都是需要有个性的，只有具备个性化的风格，才能将作品做到标新立异。但大众市场的服装品牌更像是一个共合体，它会通过对目标消费群体的年龄、性别、身份、消费水平、着装要求等要素来设定品牌风格，成衣产品会进行大规模的生产销售，所以很多环节需要根据流行元素及市场需求进行调整，从而获得商业利益。品牌的特性、客群的要求以及设计生产环节等的设定，决定了不会把设计师所有的个性和见解全盘接受，大众市场服装品牌的设计师在设计时一定要把品牌的风格和特性放在首位，把自己的立场放在目标客群的位置去思考，从一定程度来说，个性为了满足大众审美要求，更趋向于折中。大众市场的服装品牌要包含个性，个性同时要尊重品牌，在潮流和市场之间寻求平衡，形成品牌和个性的共同体（图2-2）。

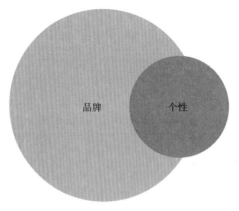

图2-2　品牌与个性

第二节　产品构成元素

一、产品构成的设计因素

　　大众市场的服装品牌产品在构成上由设计语言和设计理念两大部分构成。

　　构成品牌设计语言的因素包括板型设计、面料材质选择、色彩运用、工艺细节等。板型设计是服装的核心技术环节，它关系到产品的整体廓型。材料、色彩和工艺等构成元素，直接影响产品最终的外观视觉效果。设计理念不仅体现在服装设计中，也引导着所有的设计和营销领域，并贯穿在品牌风格之中。品牌的灵魂是设计理念，它决定了品牌的个性，一切设计过程及手法都是围绕设计理念进行；设计语言是设计理念的外化形式，设计语言的正确选择将更加确切和完整地把设计理念传达给受众。设计语言和设计理念二者之间是息息相关、相互作用的。对设计理念的分析，可以从对品牌的清楚认识开始，结合当季的设计灵感，保持品牌总体概念的同时又有所创新。

二、产品构成的产业因素

　　除了产品本身的构成要素之外，产品为了满足商场需要，从设计、生产到营销计划、实施、流通以及存储等整个过程也需要把控，通常我们可以把整个过程看作产品的产业供应链。管理好整个产品供应链可以减少浪费，从而使利益最大化。如图2-3所示的图示会帮助你整理出一个基本的供应链。

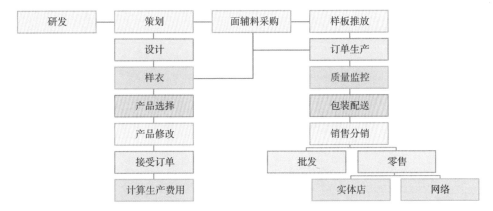

图2-3　服装产品产业供应链

在整个产品供应链的流程中不难发现，产品都是由研发和策划——品牌的商业策略开始，这也是大众市场品牌的支点，并且未来的每一个环节都要围绕商业策略来进行。在本章节限定品牌设计的环节中，首先需要对所模拟的限定品牌进行市场、消费者和产品的调研，从而进入产品的开发和商业策划。在调研的阶段结合所掌握的品牌信息和流行资讯，来构筑产品的创意构思，这时也可以将样衣的制作伴随开发环节同时进行。在具体品类产品的选择、修订、接受订单之后就预示着所绘制的服装设计构想会通过生产变成产品，通过销售最终到达消费客群的手中。

第三节　品牌信息收集与分析

一、大众市场品牌的调研方法

大众市场的服装品牌调研就是获取和分析一系列服装市场信息资讯，从而确定你为客户发布正确的产品。调研首先要选择一个品牌作为目标品牌，然后再选择三四个同类品牌同时进行调研。在进行品牌商品企划时，应先进行目标品牌信息的收集，之后需要对收集到的信息进行全面的分析整理，随后所有的产品策划都是在所获得的信息和对这些信息分析的基础上产生的，收集到的信息越详细，越能更好地把握市场。

二、大众市场品牌的调研内容

1. 趋势调研

流行趋势是指一定时期内或某一群体中广泛流传的服装式样，具有时效性、区间性和广泛性的特征，这种社会现象是受某种意识形态影响的，以模仿为媒介的某种行为、生活方式或观念意识。在针对限定品牌趋势调研时，除了要考虑该时间段国际流行风向之外，还要重现与其类似品牌之间的流行趋势，它可以指引设计方向，帮助提高预测趋势的准确程度。趋势调研主要集中在该季节的前季流行趋势的信息汇集。

例如，以中央美术学院时装设计专业的限定品牌调研为例，该课程与中国著名服装设计师武学伟工作室进行合作，为其针对2010/2011早春市场销售进行的总体产品设计开发商品企划时，2009/2010秋冬女装趋势报告便成为主要的参考依据，通过色彩、面料、辅料、造型及款式风格、装饰手法、配饰等对国际权威机构发布的2009/2010秋冬女装流行趋势进行分析。

趋势调研可以通过绘制一些平面款式图来记录；色彩调研需要掌握品牌的主色调以及辅助色在当季的运用，当然，也有些品牌和设计师每季基本不更换色彩，如川久保玲、山本耀司等会采用相同的色彩基调去表现新的设计；面料调研在确定该品牌以什么面料为主后，再分析面料与品牌风格之间的联系。

2. 市场调研

大众市场的服装品牌调研是针对"指定"品牌服装设计生产和营销的资料、信息的收集、筛选、分析，从而来了解品牌市场的动向，并由此做出生产和营销策略，达到占有市场并实现预期盈利的目的。市场调研的作用在于了解"限定"品牌消费者真实的需求，把握目标消费者真正需要和喜好的产品是什么色彩、风格、功能以及搭配方式等信息；另外，是作为提供市场决策的依据，客观的调研结果在很大程度上避免了判断的主观性和盲目性。这对于一个即将推出的新产品来说尤为重要（图2-4）。

3. 市场的调研应包括的内容

（1）消费人群：年龄、收入、职业、购买偏好等。

（2）价格范围：调研品牌的价格档位，商品各品类价格范围是多少，是否有折扣空间等。

（3）品类数量及组合：衬衫、裤子、裙子、外衣等不同品类的数量及比例。

（4）店铺位置及橱窗陈列风格：店铺位于哪一地段，属于中岛店还是边店，地区内共有多少家品牌商铺等；店面整体装修风格、品牌VI、产品陈列的方式及密度等。

（5）产品推广手段：宣传广告、发布会等。

（6）销售业绩：月销售额、季度销售额及年销售额。

（7）店员及售后服务：店员的着装情况；对产品的了解情况；对顾客的服务态度等；售后维修、退货、客户个人资料的建立等。

数量：
女装：
棉衣7件
衬衫26件
长外套6件
短外套16件
针织衫10件
裤子36件
连衣裙8件
短裤6件

配件：
鞋8双
皮带5条
袜子5双

男装：
衬衫20件
牛仔裤28件
休闲裤12件

产地：
意大利、印度

材质：
广泛运用多种材质（法兰绒、几何绣片、塑料、皮），面料拼接处理几乎每件都有集中在肩部和前身
因款式简单、偏休闲，推测年龄层19～35岁，人群覆盖面较广

价格：
中高等
裤子1000～3000元
鞋2000～5000元

颜色：
各种中灰色（1）浓度相近的棕灰、紫灰等，暖灰居多（2）浅紫灰、蓝灰等冷灰少量（3）黑、白色（4）面料细节丰富
偶尔点缀使用正红

店面陈设建议：
可添加亮色饰品搭配售卖
店面陈设没有太大特色，如同服装款式一般不起眼，但也不失为一种保守的销售策略

特点：
环保
镭射水洗（省40倍水）
镭射切割（节约面料）

款式：
男外套多为短款、休闲版，不是很修身
衬衣除了白色款之外都有领带
款式以基本款居多，耐穿，小细节上颇具心意，性价比高

图2-4　市场调研基本概况

三、调研记录与分析

对调研情况需要做详细的记录。首先描述四个季度目标品牌的产品，然后深入了解服装结构语言，了解目标品牌的现状及定位，最后详细记录具有系列感的设计元素。

在品牌形象诸要素的分析时，对市场调研中收集到的资料和信息进行整理，分析调研的目标品牌及同类品牌都运用了哪些元素来突出品牌形象。首先，对顾客目标群体进行分析，分析已经购买产品的消费者年龄、购买能力、文化层次、消费习惯是否与预计相符合。同时，对消费者的消费感受进行分析，已经购买产品的消费者是否对产品设计存在异议，对产品风格、产品款式、色彩、面料是否认可。最后，对市场同类品牌产品进行分析，商品是否吸引了竞争者的关注，是否有更多的经销商合作，是否吸引了足够的业内人士重视以及媒体报道。

因为有指定的合作品牌和设计师，此合作品牌的情况可以由该品牌的设计总监或首席设计师进行讲解。同时展现前几季的设计成果及其售后的总结分析，学生们再结合市场调研中的收获——验证，强化品牌DNA要素，以便在未来的设计中得到充分的体现。

四、案例——限定品牌信息收集与分析

品牌信息收集与分析——2007级研究生与中国著名服装设计师武学伟工作室合作项目（PPT展示）

趋势篇

- 色彩
- 面料
- 辅料
- 毛皮
- 造型及款式特点
- 装饰手法
- 配饰

1

色彩流行趋势分析

经济危机仍然对服装产业有影响，具有投资价值的颜色继续流行，例如黑、藏青、茶褐、鼠灰色等中性色。

2

色彩流行趋势分析

    经济复苏给人带来"希望"，春天本是希望的季节，又适逢国际社会倡导"低碳生活"，以"绿"为主旋律的亮色系色彩，似乎在这一季走入我们的视线。

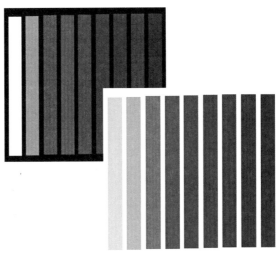

3

4

■ 怀旧情节

在全球金融危机的影响下，消费者产生强烈的失落感，而这种失落感让很多人产生了怀旧心理。

20世纪20年代的斯拉夫风格、40年代的格纹风格、80年代的光泽感风格，其中金属光泽注重与鲜艳色彩或做旧效果的结合。

■ 环保时尚

以绿色为主的亮色，打破金融危机的暗沉，绚出一抹新生，倡导低碳生活。

国际市场中，随着"生态"概念的深入人心，强调环境友好的有机棉、有机羊毛等天然纤维；强调可生物降解的竹纤维、海藻纤维、玉米纤维等再生纤维素纤维；强调可循环利用的回收棉、再生涤纶、氨纶与锦纶的回收利用技术等，都成为市场关注的热点。

■ 有趣愉悦

　　不论报纸、电视，还是网络，每一天我们似乎都被笼罩在经济日趋恶化和对未来市场的悲观论调中，人们绷紧的神经需要有趣和愉悦的东西去调节。

　　拼接效果、富有动感的色彩搭配。欧普风格在本季走到了时尚前端，加强了蕾丝、网纹等各种镂空编织在织物结构中的应用。富有肌理感的面料也得到了应用。

辅料流行趋势分析

● 金属扣
● 布包扣
● 铸塑扣
● 树脂扣
● 贝壳

● 花色呢绒织带
　配金属牙
● 欧牙拉链

工艺：
电镀、喷漆

流行造型及款式特点分析

　　肥胖成为很多国家所面临的健康问题之一，X型显瘦的廓型受到了众多女性的青睐。采用适合造型的裁剪，腰部束带、抽褶等手法。

毛皮流行趋势分析

■关键词：典雅、工业、乐观主意、夜生活。

■皮草趋势：狐毛、貂毛、灰鼠毛、羊毛等。

■色彩趋势：石色、混凝土色、贵金属色、交感蓝色、暖棕色、威尼斯粉红色、瓦灰色、弗雷斯科铁锈色、锻打金色、亮银色、白金色、带蓝头的皮肤色、嫩粉红色、孔雀蓝色、紫红色、黑锡色等。

流行造型及款式特点分析

摒除束缚，缓解压力，宽松造型的设计大行其道，茧型、T型、A型也为人们所关注。

11

装饰手法流行趋势

褶皱 、压线、蕾丝、刺绣、毛条

12

配饰流行趋势分析

关键词：流苏、肌理感、玫瑰、铆钉、部落风、夸张。

2009/2010年秋冬流行趋势让我们看到了金融危机后的"希望之春"

2010/2011年早春女装流行趋势将顺应这个"希望之春"。

在这个趋势下我们将感受到：

- 早春印象，复苏的经济。
- 军旅印象，女性的独立。
- 复古印象，回归过往。
- 环保印象，倡导低碳生活。

第四节　设计概念制订

一、根据品牌理念确定设计主题

　　根据调研记录的分析结果，整理出下一季的设计概念，其中包括设计主题、色彩、面辅料和款型特征。用灵感概念图表达出创意构思，要具有设计感，设计重点要清晰明确。设计的灵感源于生活，表达着生活体验和思维方式；不媚俗于市场，同时符合品牌精神和内涵。设计师会借助于作品表达对生活中某种事物的深刻感受或独特的见解。设计灵感通常会来源于生活的启迪（图2-5）。

传统的反叛和游行

　　当传统文化在设计领域中被赋予太多的使命感，传统之沉重是否将会是一种负担？当下社会我们设计师往往听到最多的就是"设计要根植于传统文化"。当然我深信这话。

　　然而当我们翻开某个设计年鉴或是从时装周中摘取些许片段，我们不难发现，设计还是那样的设计。也许我们让传统文化承担了太多，但是它真的负担的起吗？有时我在想难道一个中国设计师做出的设计在没有运用任何中国元素的情况下它就不能称之为中国设计了吗？久而久之，我对别人说"多看看中国的历史，你的设计才能变得更好"诸如此类的话语感到反感。设计本身就是自由，不是吗？

　　本季我就偏偏动了以前不想动的传统文化，运用一些直接到几乎粗暴的方式，将传统的马面裙缝到西装上，缝到连衣裙里，将它打碎、拆解、缝和在任何我想与之发生关联的布料上。这种方式让我想到示威，想到游行，用一种反叛的精神表达自己的态度：传统不应该是设计的负担，而是自由。

　　系列的前5个look，我还是用了转化的方式将传统的马面裙和衬衫结合，它可以说是一种温柔的反叛，是游行前夕相对轻和的争辩。而之后的10个look，我将马面裙与西装、外套、大衣缝合起来，让两种看起来完全不搭调的面料碰撞在一起。这种方式是粗暴的、强烈的，它是这场游行的高潮。最后5个中和了前者，是游行最终想达成的理想状态。

图2-5　确定设计主题（范鹏杰）

二、设计草图的绘制

在明确了设计主题之后，就要进行设计草图的绘制（图2-6）。绘制款式图，先绘制出基本廓型，然后再进行系列设计。廓型是指服装的轮廓，是抽象化细节之后的服装轮廓外形。

设计草图的绘制是设计能力的具体体现，是艺术和审美的诠释，是对品牌风格和设计主题的组织能力和运用能力及设计经验的检验。同一个品牌，因每个人的理解不同就会产生许许多多的主题。即便在同一个品牌，同一个主题之下，每个人的理解不同，最终产生的设计方案也不会相同。

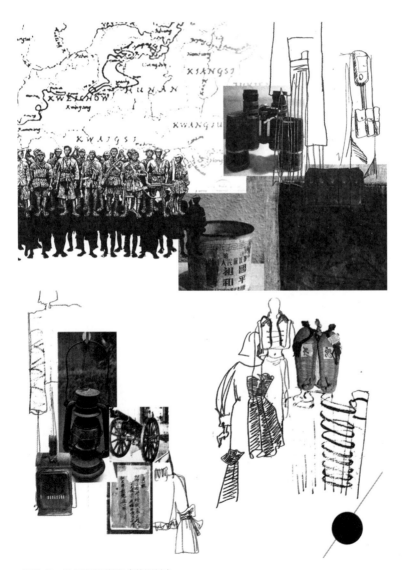

图2-6　绘制设计草图（黄斯赟）

三、通过案例分析设计主题的体现

设计概念制定——2007级研究生与中国著名服装设计师武学伟工作室合作项目（PPT展示）

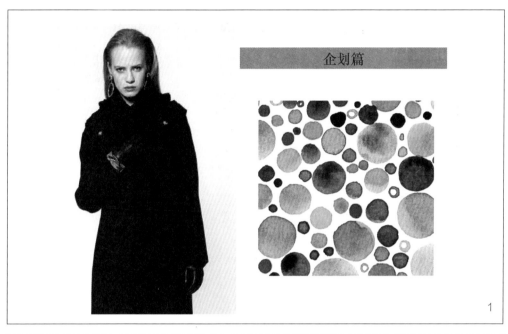

风格定位：

　　经典、现代、优雅、优质

年龄定位：

　　35～45岁的职业女性

2010/2011年初春棉服产品主题

希　望

2010/2011年初春棉服女装产品推出3个系列

雅致系列：女性、职业、优雅、精致

闲适系列：中性、休闲、舒适、自然

风尚系列：女性、年轻、时尚、活力

雅致系列——款式风格：女性、职业、优雅、精致

5

雅致系列——早春面料使用

1. 平滑、雕塑感强的亚光、抛光化纤面料。

2. 织纹紧密的双面织物，采用精细羊毛或真丝，给人奢华的手感，完善后整理，充分体现科技含量。

3. 仿皮革光泽和质感的涂层面料以轻薄为主。

4. 丰富的提花织锦缎，在精致的刺绣和提花中加入金银丝更显奢华。整个主题可以用穷奢极欲来形容。

5. 强调环保，运用可循环且具有良好亲肤性的面料，如有机棉、麻纤维、竹纤维、牛奶蛋白纤维、玉米纤维等织物。

6. 丝棉面料。

7. 面料表面的纹样和肌理感，丰富的起皱效果，使服装的外观风格和内在手感都极具奢华。

6

雅致系列——色彩：

　　早春色彩：

　　　　主色：军褐色、军绿色、黄绿、肉粉、浅灰蓝。

　　　　辅色：嫩绿、浅黄绿、浅灰色、黄褐色、灰褐色。

辅色　　　　　　　　　主色

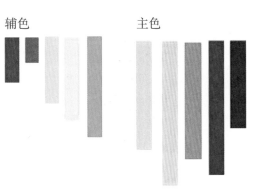

雅致系列——辅料的使用特点简约精致；

　　　　使用大量的树脂等环保材质，更绿色，更健康。

闲适系列——款式风格：中性、休闲、舒适、自然

闲适系列——早春面料使用

1. 平滑、雕塑感强的亚光、抛光化纤面料。

2. 折皱、磨旧的表面效果，配合干爽或柔软的质地，使旧质感与品质感兼备。

3. 仿皮革光泽和质感的涂层面料以轻薄为主。

4. 强调环保，运用可循环且具有良好亲肤性的面料，如有机棉、麻纤维、竹纤维、牛奶蛋白纤维、玉米纤维等织物。

5. 丝棉面料。

6. 在棉织物中加入金属丝，使织物表面形成具有雕塑感的仿自然褶皱效果。

闲适系列——色彩：

早春色彩：

主色：深赭红、黄褐色、肉黄色、军绿色、暖黄色。

辅色：深褐色、枯黄色、浅灰绿、浅紫蓝、鲜黄绿。

辅色　　　　　　　主色

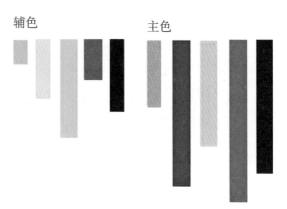

11

闲适系列——辅料的使用特点注重功能休闲；

融合了军装元素、体积感，体现的中性帅气的效果。

12

风尚系列——款式风格：女性、年轻、时尚、活力

风尚系列——早春面料使用

1. 平滑、雕塑感强的亚光、抛光化纤面料。

2. 缤纷的数码印花。

3. 仿皮革光泽和质感的涂层面料以轻薄为主。

4. 花卉和格子与街头装款式的结合。

5. 强调环保，运用可循环且具有良好亲肤性的面料，如有机棉、麻纤维、竹纤维、牛奶蛋白纤维、玉米纤维等织物。

6. 多彩的胶质感涂层面料。

7. 色彩轻快或结构变形的迷彩图案。

风尚系列——色彩：

早春色彩：

　　主色：青橄榄绿、果绿色、玫红色、枣红色、橙红色、深驼色。

　　辅色：米驼色、浅咖色、碳褐色、碳灰色、深灰色。

辅色：　　　　　　　　　主色：

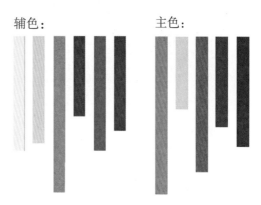

15

风尚系列——辅料的使用特点：

　　复古图案附上了明快的颜色，拉链表面也拥有了闪亮的金属光泽，为风尚系列增添了不少光彩。

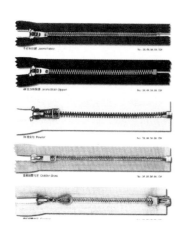

16

第五节　色彩选择与确定

在服装销售中，消费者对色彩的认同和感知要大于款式和价格。在大众市场品牌中，适当的色彩设计和配色都会提升产品的销量。因此，色彩的流行趋势便成了设计师在产品设计中必须要重视的部分。

一、色彩趋势

色彩趋势就是预测可能会出现的色彩流行方向，以色彩视觉故事的方式呈现，将色彩组合在一起完成对色彩范围的限定并在色彩之间建立关联性，构成当季的色彩以及色彩搭配组合。色彩趋势制定没有任何固定的模式，需要凭借设计师的直觉和灵感，但这并个是说可以凭空想象，还是需要对生活有细致入微的观察以及对流行文化和消费者有充分地了解的基础上进行。

色彩预测通常是在服装销售季的18～24个月之前预测出可能出现的色彩与趋势方向。这时色彩预测组织和流行机构会联系纱线工厂、品牌公司和品牌开发团队开始发布色彩方案，它是在整个产品供应链中最为开端的位置。但是色彩对于服装产业链的影响并未就此结束，服装销售季的12个月之前，色彩预测会持续地关注设计师、品牌、销售商以及消费者对于色彩的喜好和高街潮流，提醒从业者注意最新的潮流发展；服装销售季的6个月之前，色彩趋势和色彩应用范围会在订单生产之前被正式确定。服装行业内影响色彩预测的主要有趋势机构、协会、博览会、制造商以及四大时装周。图2-7所示的是可以参考的行业内一些权威的流行趋势发布机构。

· 国际流行色委员
（International Commission for color in Fashion and Textile）
· 国际棉花协会（Cotoon Council International）
· 英国时尚风格网WGSN
· 法国Promstyle，Peclers Paris
· 法国第一视觉面料博览会PV
· 上海纱线展

图2-7　流行趋势发布机构

二、色彩提案

针对色彩预测的方法没有一成不变的理论框架，也没有简单速成的捷径。色彩提案的提出不仅需要对色彩理论和流行周期有一定的了解，对所处的社会、文化、经济等人文环境也要有敏锐的观察力，同时也要依靠品牌设计师的灵感和直觉。这些灵感和积累来源于对生活的观察，身边的自然美丽景象，海外旅行时的异域风情，一餐一饭或者在工作中对市场调研中的发现，这些都可以启发我们以全新的视角看待色彩。

1. 观察

观察是预测潮流趋势的基本要求，除了要留心事物从视觉感官上带给我们新的体验之外，还应该从消费者的角度来进行思考。从对消费者的生活方式和购买行为的客观分析将自己主观性的灵感进行诠释，在灵感诠释过程中要持续地对发生的事件和文化环境进行观察。

2. 记录

记录是设计师把灵感以及思想付诸实现的唯一途径，简明扼要的文字，烘托灵感的图片以及杂志图片的拼贴、速写、收藏品、化妆品、生活小件，甚至于纱线、布料、纽扣等物件都可以组成记录心得。

3. 研究时装周

时装周中的大量信息为大众市场品牌提供了前瞻性的指引，如今时装周资讯不仅对专业的从业者有需求，越来越多的大众消费者通过网络媒体对其信息的关注度也颇高。在高密度的信息中，大众消费者对市场品牌能否与国际流行趋于同步的要求越来越高，所以研究国际秀场能够帮助大众市场品牌设计师确认当季流行的色彩方案、用色方式和搭配方法。同时，这些国际品牌设计师所使用的前卫性的主题和标志性的色彩也可以为我们提供意想不到的灵感。

4. 从观察到概念设定

这一环节是最为艰难的一个阶段，在收集的庞大调研信息中，要梳理出信息之间的联系，从一个角度或个体对这些信息进行分类，如按自然、艺术、运动等；也可从色彩理论的角度按照色相或者色调来进行归类。经过归类之后，设计师综合所有信息并运用设计思维和分析技巧整理出头绪，设定出可行的色彩概念，确保设定的色彩概念与大众品牌的市场要求相符合，这样才能够推动产品畅销。

5. 制作色彩主题板

在趋势预测中，不仅只有灵感主题需要故事性，服装的色彩、面料、款式和工艺都需要通过视觉传达的方式来讲述故事，对于设计师来说，主题板就是讲述故事的最好工具。主题板可以是一块记录白板、一张卡纸或者是电脑中的一个文档，总之呈现出来的是设计师对色彩的安排、灵感的来源和观察的心得。通过这些一目了然的信息帮助设计师整理出一个或者多个色彩系列。

6. 色彩方案构建

在确定色彩的主题后，就要对已经收集好的相关信息进行整理，把色彩以及色彩搭配方案进行匹配，从而构建成一个完整的色彩方案，其中包含一个大的主题和若干个小主题。可以借助PANTON、DIC等色彩体系对色彩进行描述，也可以通过面料、纱线、纸张、自制的材料或肌理等具体的事物来传达色彩的表现。

7. 制定色卡

色卡是由先锋色、核心色、强调色和基础色来组成。先锋色可以理解为"前卫的"或是"最新的"，马上要进入流行市场的颜色，它是在不断地创新和持续地关注流行的前提下得出的，用于概念性或是前卫性的主题商品中；核心色是正在引领产品潮流的流行色，受众人群广泛，是营销的核心和市场中尚未"畅销"的颜色；强调色和基础色相对都是辅助核心色的颜色，强调色一般选择可以与核心色形成对比或是互补关系的色彩，在搭配中亦可以打破单调，基础色中的无彩色是服装商品中经典和常用的颜色。

三、通过案例进行色彩选择与确定

色彩选择与确定——2008级研究生与武学伟工作室2012春夏外销女装产品合作项目（PPT展示）

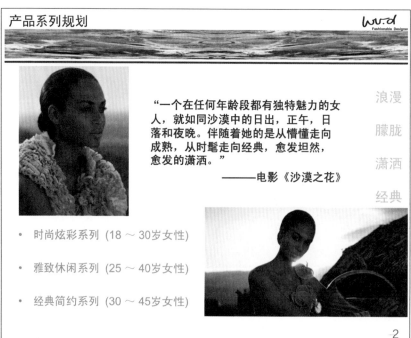

wu.d
Fashionable Designer

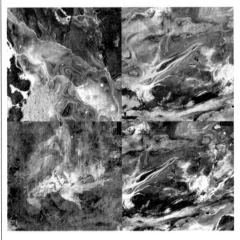

沙漠占全球陆地总面积的1/3，有43%的土地正面临沙漠化威胁。

在这残酷的沙海洋中，却有着无限的浪漫与柔情，就像在忙碌的现代生活中的无限美丽。

色彩的灵感来源于被白雪覆盖着的新疆塔克拉玛干沙漠，有着深蓝湖水和白沙的巴西蓝湖沙漠，红色的澳洲沙漠以及埃及的黑色沙漠。

"被日出和日落染了暖色调的沙子，被阳光照射出的沙地反光以及深邃的沙漠夜空。"给了我们面料材质上的感觉。

根据大漠诗情的主题在款式上将更加注重服装对防风沙和耐磨等实际功能的考虑，强调了产品的实用性、细节设计的合理性和舒适性。

沙漠卫星图

3

产品系列规划

wu.d
Fashionable Designer

- **沙之幻色**　　野性、张扬、年轻、时尚
  时尚炫彩系列　　　　　　　　　　　30%
  针对18～30岁的女性

- **沙之迷情**　　温柔、细腻、休闲、优雅
  雅致休闲系列　　　　　　　　　　　45%
  针对25～40岁的女性

- **沙之纯净**　　深邃、神秘、高贵、经典
  经典简约系列　　　　　　　　　　　25%
  针对30～45岁女性

4

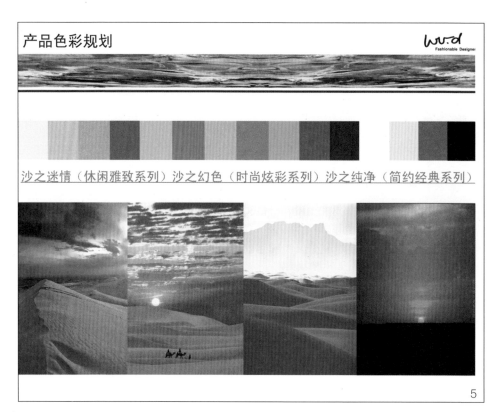

沙之迷情（休闲雅致系列）沙之幻色（时尚炫彩系列）沙之纯净（简约经典系列）

《沙之幻色》
时尚炫彩系列

野性、张扬、年轻、时尚
针对18～30岁的女性

"粉笔色"

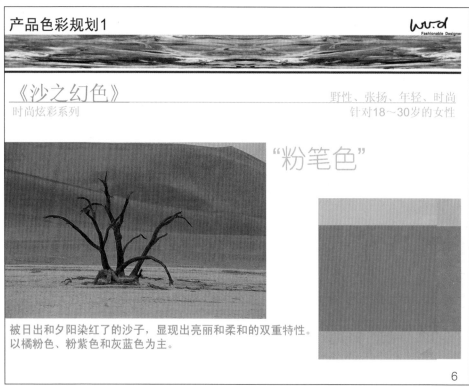

被日出和夕阳染红了的沙子，显现出亮丽和柔和的双重特性。
以橘粉色、粉紫色和灰蓝色为主。

wu.d
Fashionable Designer

《沙之迷情》
雅致休闲系列

温柔、细腻、休闲、雅致
针对25~40岁的女性

"泥土色"

天然沙色显现出的柔和，温暖的色彩，具有强烈的女性化特点。以米色、卡其色和烟草棕色为主色。

7

---

wu.d
Fashionable Designer

《沙之纯净》
经典简约系列

深邃、神秘、高贵、经典
针对30~45岁的女性

"黑光"

以在日落后沙漠的天空呈现出的冷色调为灵感，颜色素雅，突出经典简约的感觉。
以深蓝、黑色和深灰色为主。

8

第二章 品牌与市场——向生活致敬 59

第六节　面辅料市场调研

对于大众成衣品牌来说，了解面辅料市场状况就等同于抓住了市场，面料是色彩和款式直接的承载工具，通过对目标品牌产品的调研，有针对性地在品牌风格约束下，根据设计主题概念来选择面料、里料、辅料和配件。

一、按面料特性划分

1. 天然纤维

（1）棉织物是各类棉纺织品的总称，其保暖性、舒适性、吸湿性、透气性甚佳，但易缩、易皱，外观不够挺括，多用来制作休闲装、内衣、衬衫和功能性服装。

（2）麻织物是以大麻、亚麻、苎麻、黄麻等麻类植物纤维织造成。其强度高、吸湿性强、透气性佳，外观较为粗糙质朴，常用来制作普通的夏装、休闲装、工作装。

（3）丝绸是以蚕丝为原料纺织而成的各种丝织物，品种较多，其质地轻薄、柔软、滑爽、透气、色彩丰富，富有光泽，给人华丽、高贵的感觉，但易产生褶皱，不易打理，多用来制作女装。

（4）毛呢是指用羊毛、羊绒织成的织物的泛称，其防皱耐磨、柔软、挺括、保暖性强。通常适用以制作礼服、西装、大衣等正规、高档的秋冬季服装。

2. 化学纤维

常见的化纤面料有涤纶、锦纶、丙纶、氨纶、腈纶等织物。

（1）涤纶面料具有极优良的定型性能。涤纶纱线或织物经过定型后织造成的面料具备平挺、结实、耐用、弹性好、易洗快干等特点，加入天然纤维和再生纤维可织造成用于女士礼服、男女衬衫、西裤制作的面料。

（2）锦纶也称"尼龙"，其强度高、耐磨性以及回弹性好，具备保型、挺括、保暖等特点，可以纯纺和混纺，织造成的织物可以制作各种衣料及针织品，适合制作冲锋衣、户外运动服、冬装等。

（3）丙纶织物是常见化学纤维织物中最轻的具有不吸湿、稳定性好、强度好、弹性好、耐磨等特点，多用于男女春秋外衣、时装等。

（4）氨纶织物弹性好，伸缩性大，穿着舒适耐磨，适合制作女士紧身衣裤。

（5）腈纶织物俗称"人造毛"，具有类似羊毛织物的柔软、蓬松的手感，且色泽鲜艳，适合制作中低档女装，是春秋冬季常用的服装面料。

3. 混纺纤维

混纺是将天然纤维与化学纤维按照一定比例，混合纺织而成的纺织产品。其吸取了棉麻丝毛和化纤各自的优点，例如，涤棉布是以涤纶为主要成分和棉混纺织成，既突出了涤纶的风格又有棉织物的长处，具备弹性好、耐磨性好、缩水率小、挺拔、不易褶皱、易洗快干的特点。

由于混纺纤维面料能优化各类纤维的特性，因此，近年来深受设计师和消费者青睐，也成为当下面料发展的趋势之一。

二、按服装季节划分

1. 夏季服装面料

调研中发现夏季服装面料针对不同用途呈现出多元化的方向。其面料多为天然纤维（棉或丝绸）、化纤纤维（涤纶）、天然纤维间的混纺织物（棉/麻或丝/棉）、天然纤维与化学纤维的混纺（棉/涤纶）以及化学纤维间的混纺织物（涤纶/黏胶）等。

2. 冬季服装面料

冬季服装面料多以毛织物为主，亦可混用一定比例的毛型化学纤维或其他天然纤维制成的高档服装面料。例如华达呢、哔叽、花呢、薄毛呢等，有良好的保暖性、弹性、柔软性，做出的成衣有坚牢耐穿、庄重、挺括的特点。风格经典的毛呢是冬装的常用面料。

三、面料发展趋势

通过调研面辅料市场，可以发现消费者不再单单趋同于面料的视觉感官，更注重于健康、环保、低碳等概念。大众市场品牌也从早期较为单一的服装品类发展到兼顾时尚化、多元化、高档化的时尚理念。另外，科技的发展也给纺织业带来了变化，化学合成纤维对天然纤维的替代日益增强，特别是环保型纤维大幅增长。面料的选择直接决定了产品的品质和风格特征，所以未来面料的发展趋势也成为面料选取过程中的依据。

1. 自然

以自然为主题，不仅只在趋势流行概念中体现，面料的亲自然概念首当其冲，质地精细、手感柔软、穿着舒适将是面料的主要发展方向。

2. 生态

有利于生态环境保护概念的生态产品或是"绿色"加工工艺受到追捧。

3. 科技

科学技术的革新带动了纺织品的科技含量，促进了工艺的发展，通过科学技术和工艺使纺织物达到革新性的视觉效果和触觉体验。

4. 融合

多元融合是未来面料趋势中必定要突破的新尝试，包括概念的融合和技术的融合。例如，传统技艺与高科技材料；经典怀旧与未来主义的碰撞；大众化审美与个性化需求的交汇等。

四、通过案例进行产品面料规划

面辅料市场调研——2008级研究生与武学伟工作室2012春夏外销女装产品合作项目（PPT展示）

根据沙子的天然特性和感觉选择的面料质感：

- 平纹记忆纱织面料
- 有丝光缎面效果的化纤面料
- 透气涂层处理的化纤面料
- 超薄的半透明雨衣面料
- 有反光效果的面料
- 饰有车缝线迹的化纤面料
- 褶皱处理过的化纤面料
- 触感柔软的水洗棉布

1

产品面料规划1

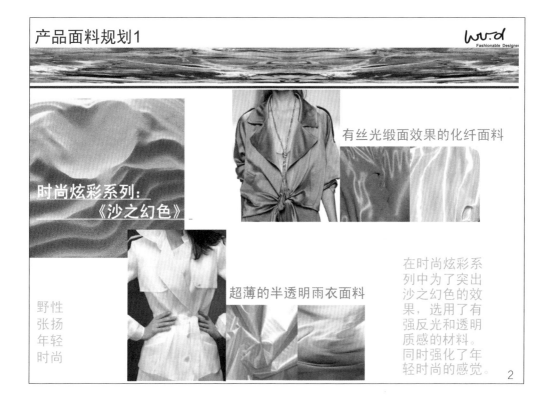

时尚炫彩系列：
《沙之幻色》

有丝光缎面效果的化纤面料

野性
张扬
年轻
时尚

超薄的半透明雨衣面料

在时尚炫彩系列中为了突出沙之幻色的效果，选用了有强反光和透明质感的材料。同时强化了年轻时尚的感觉。

2

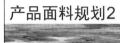

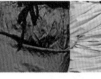

触感柔软的水洗棉布
褶皱处理过的化纤面料

雅致休闲系列：
《沙之迷情》

薄纱
平纹记忆纱织面料

在休闲雅致系列中为了突出沙之迷情，选用了有像沙一样纹理的褶皱和薄纱面料。加强了温柔细腻的感受。

温柔
细腻
休闲
雅致

3

透气涂层处理的化纤面料
饰有车缝线迹的化纤面料

简约经典系列：
《沙之纯净》

有反光效果的面料
平纹记忆纱织面料

在简约经典系列中主要强调面料内敛的质感和品质的耐磨感。表达了《沙之纯净》系列的高贵和经典特征。

深邃
神秘
高贵
经典

4

第七节　服装结构设计

大众市场品牌的服装产品在市场上的反应和销售成绩取决于服装的设计与制作是否顺应市场的需求，服装的款式是否新颖独特，服装的结构设计是否准确地表现款式和细节，穿着时是否合体等关键问题，因此要求设计师不仅对平面制图或公式有较深的认识，更要注重对面料、结构和工艺三者之间的衔接，通过结构的设计来表达流行的信息和品牌风格。

一、结构设计与装饰性

1. 面料

在对面料调研或趋势分析的时候，经常会遇见轻质、柔软、厚重、挺括等术语，这也间接地说明了面料的特质决定了在结构设计中的作用。厚重、挺括的面料可以完成服装中直线的延展设计，轻质、柔软的面料可以完成平滑的曲线、褶裥或是叠加等设计。

2. 款式造型

服装的造型分为外造型和内造型，外造型主要是指服装的整体轮廓设计，而内造型是指服装的款式设计，包括领型、省道、结构线等。内、外造型要相得益彰，内造型要符合外造型的风格，可以根据不同的款式风格和部位特征，巧妙地运用省道、褶裥和分割线。衣领和袖子的设计具有很强的装饰功能，领子的外轮廓线、领线的形状、领折线的形态、袖窿的形态、袖子的长短等都要符合服装的整体形态。除此之外，口袋、纽扣、腰带等部件设计也要与整体的款式造型相契合。这就要求设计师提高立体空间的感知，对立体空间的造型有创意性的设计，以及对材料较深入的认知。

二、结构设计与人体工程学

人体工程学是以生理学、心理学为基础，结合相关知识，研究"人—机—环境"的一门学问，其目的是利用人体科学的理论、方法与生产技术相结合，并将其成果直接服务于生产或生活实际的一门应用科学（以下简称人体工学）。人体工学应用到服装结构设计是通过人体和着装状态、生理变化和心理特点来进行，在以人为本的前提下考虑其他设计因素，意在实现人、服装和环境之间最佳的结合。例如，在结构设计中强调制板、缝纫以及着装过程中人体对服装的适应性，甚至还包含着装者对他人的心里影响等。在人体工学的基础上使面料、工艺和结构设计和谐统一，适应人体的各种要求。人体工学在服装结构设计中具体表现为尺寸测量、纸样设计和衣片裁剪。结构设计中一直保持延用原型、比例变化和立体剪裁方法。制衣数据的获取包括以下三种方法：人体测量、公式制图和裁剪衣片。

　　人体工学同样体现在服装的制作工艺上，服装起到修饰和描绘人体的作用。肩部、胸部、腰部和臀部的工艺处理在结构设计中不可或缺。如在女装造型中，肩部平直、胸部挺拔要通过工艺制作体现在结构设计中。具体如翻折、缝缩、熨烫等都是可以实现设计效果的工艺制作。

三、通过案例进行服装结构设计

　　服装结构设计——2008级研究生与武学伟工作室2012春夏外销女装产品合作项目（PPT展示）

产品衣长比例表

衣长	短款	齐臀长款（与手臂同长）	中长款	长款	共计
尺寸	62cm ~ 66cm	76cm ~ 82cm	90cm ~ 96cm	102cm ~ 112cm	9款
数量	3款	3款	2款	1款	
比例	33%	33%	22%	11%	

款式总表

品类		时尚系列	雅致系列	经典系列	总款量	备注
风衣	短上衣	1	1		2	风衣6款
	齐臀长款（与手臂同长）	1		1	2	
	中长款			1	1	
	长款			1	1	
棉服		1	2		3	棉服3款
总款量		3	3	3	9	

2

产品设计部位及辅料1

wu.d
Fashionable Designer

"功能"

时尚炫彩系列：
《沙之幻色》

野性
张扬
年轻
时尚

立领和可收缩的帽子

可拆卸的袖子

3

双层拉链

较明显的大口袋

透明纽扣
白色牙绳

可伸缩的袖口

饰有线迹的袖口装饰襻

4

产品设计部位及辅料2

"浪漫"

雅致休闲系列：
　　　　《沙之迷情》

荷叶边领口

温柔
细腻
休闲
雅致

有花边领型

5

门襟别致的细节设计

抽褶的袖山

饰有密集线迹装饰的
伞形袖口

木质或牛角纽扣和配件

6

"冷峻"

经典简约系列:
  《沙之纯净》

可开关的立领

深邃
神秘
高贵
经典

可随意变换的
搭叠领

7

后背的育克设计

精致的口袋和缝线

挺括简约的形态

金色金属纽扣

8

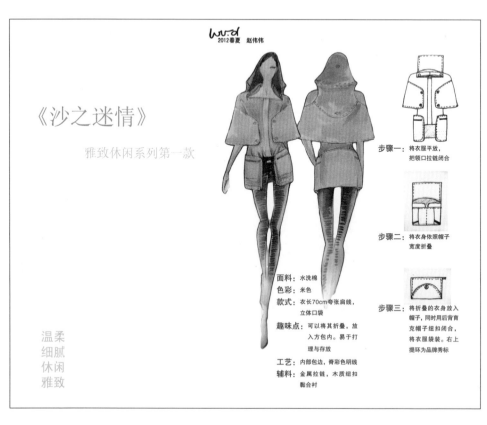

《沙之迷情》

雅致休闲系列第一款

温柔
细腻
休闲
雅致

面料：水洗棉
色彩：米色
款式：衣长70cm夸张肩线，
　　　立体口袋
趣味点：可以将其折叠，放
　　　　入方包内。易于打
　　　　理与存放
工艺：内部包边，脊彩色明线
辅料：金属拉链，木质纽扣
　　　黏合衬

步骤一：将衣服平放，
把领口拉链闭合

步骤二：将衣身依照帽子
宽度折叠

步骤三：将折叠的衣身放入
帽子，同时用后背育
克帽子纽扣闭合，
将衣服袋装。右上
提环为品牌秀标

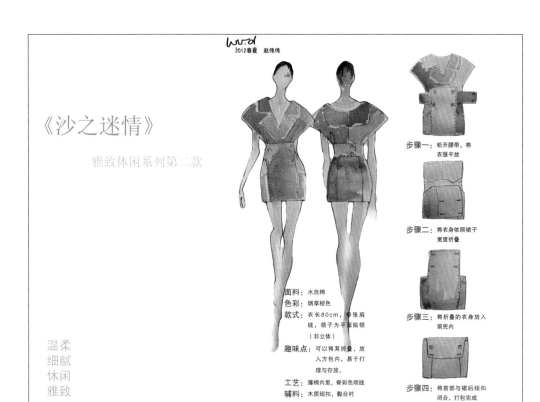

《沙之迷情》

雅致休闲系列第二款

温柔
细腻
休闲
雅致

面料：水洗棉
色彩：烟草棕色
款式：衣长80cm，夸张肩线，领子为平面贴领（非立体）
趣味点：可以将其折叠，放入方包内，易于打理与存放。
工艺：薄棉内里，脊彩色明线
辅料：木质纽扣，黏合衬

步骤一：松开腰带，将衣服平放

步骤二：将衣身依照裙子宽度折叠

步骤三：将折叠的衣身放入前兜内

步骤四：将前部与裙后纽扣闭合，打包完成

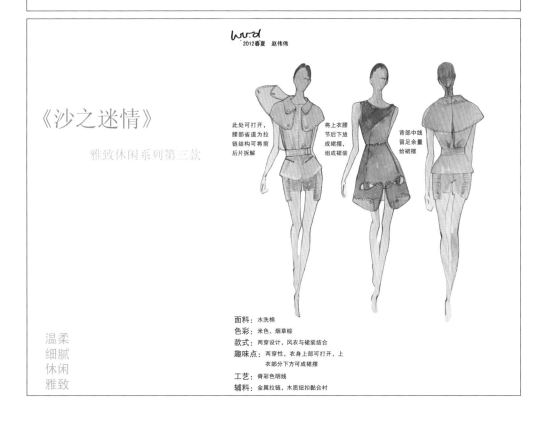

《沙之迷情》

雅致休闲系列第三款

温柔
细腻
休闲
雅致

此处可打开，腰部省道为拉链结构可将前后片拆解

将上衣腰节后下放成裙摆，组成裙装

背部中线留足余量给裙摆

面料：水洗棉
色彩：米色、烟草棕
款式：两穿设计，风衣与裙装结合
趣味点：两穿性，衣身上部可打开，上衣部分下方可成裙摆
工艺：脊彩色明线
辅料：金属拉链，木质纽扣黏合衬

第八节　设计制图与样衣制作

一、设计制图

设计图全称是平面款式结构设计图，又被简称为平面图、款式图、结构图。设计图绘制，是指对作品进行正面、侧面、背面的细节化设计，是装饰线、结构线等设计深化、充实和完善的过程。绘制时要注意分割的结构线之间要有机结合，既满足功能的需要，又要有美感，尽量画得详尽、周到。还要注意协调的比例关系，所有的灵感元素需要围绕一个中心点来设计，不要用太多概念点进行堆砌。

在设计过程中，要考虑工艺和结构的处理宜简不宜繁，并且一件衣服各个细节的风格要统一，具备统一且明确的设计语言，让人一目了然。设计要多进行推敲，发散思维，拓展思路，择优进行深化设计。设计中要注意服装与人体形态的结合，始终把服装置于三维空间之中，使服装和穿着者的前身、后身、侧面的体积感、节奏感、层次感等能完美结合。

另外，设计还要注重细节的处理，在绘制效果图时，要对作品各个部位进行功能性和装饰性处理。最后，将作品进行"立体化"的结构划分，并且每一幅设计图都应配上相应的面辅料和色彩搭配。

设计图绘制时应按照一定的比例进行绘制，虽然不标明具体尺寸，但是各部位之间的尺寸关系里按比例来的，腰部和肩部是协调的，尺寸的把握有利于剪裁工序工作的准确性。

二、样衣制作的流程

制作图纸的各部位裁剪尺寸，进行板型绘制。通过对作品的分析、研究，在确定风格方向、设计意图之后，还要确定作品的面料风格、面料质地以及面料的搭配方式，再决定服装的结构形式、放松量设置以及装饰手段，然后有目的的制定尺寸规格，依据决定的设计图，开始制板。在上述的制板过程中，对有针对性的设计工作，做了一次实际的尝试，对今后进行目标性的设计有很大的帮助，同时，在不同面料、不同风格的裁剪与绘制能力方面也会有很大的提高（图2-8）。

图2-8　样衣制作

本章知识要点

　　"向生活致敬"是对限定品牌的模拟训练。以市场品牌为核心，通过市场调研，进一步深化对市场品牌概念的理解。对目标成衣品牌的整体市场需求、同类产品等进行调研后，将所收集的资料和信息进行分析、整理及汲取；最后模拟成衣目标品牌的实际操作程序进行系列产品设计。设计过程包含从调研到品牌分析和企划，从制订设计主题到构思到草图、效果图、款式图、裁剪图以及样衣制作，各个环节都有完整的体验，这是本章学习的重点。设计的"限定性"和"连续性"是本章强调的重要环节。同时品牌的风格或品牌的DNA决定了设计各环节的统一、规范操作以及连续性。成衣限定品牌的调研、企划和设计图册的内容要点如下：

1. 限定品牌调研图册

· 上一季节市场调研分析
· 本季目标产品规划
· 系列划分
· 相似品牌类比

3. 限定品牌设计图册

· 效果图
· 完成准确的款式图及制图说明
· 绘制完整的服装裁剪图（按1：1
　比例）
· 按照裁剪图制作成衣
· 成片
· 样衣

2. 限定品牌企划图册

· 产品系列规划
· 产品色彩规划
· 产品面料规划
· 产品设计手法规划
· 产品款式造型规划
· 产品规格规划
· 产品款式比例规划
· 款式草图
· 开发时间规划

案例

2012 春季外销女装产品设计规划

（18～30岁）时尚绚彩系列30%　　MONCLER

（25～40岁）雅致休闲系列45%　　MaxMara　BURBERRY　PAUL & JOE

（30～45岁）经典简约系列25%　　ANDREW GN　CELINE

1

---

lw·d
Fashionable Designer

2012 春季外销女装产品设计规划

MONCLER

本季 MONCLER 的春季外套廓型简洁大方，剪裁干净利落，有强烈的运动风格，色彩上选择了较沉稳的藏蓝色、普兰色，还有经典的白色、黑色、卡其色。面料则选用柔软舒适的水洗棉与记忆面料，实用耐穿、大方得体。

2

2012 春季外销女装产品设计规划

本季 Jil Sander 以艳丽轻快的色彩，宽大舒适的廓型征服了无数消费者。大气的剪裁毫不拖沓。在面料上选择轻薄的并带有光泽感的聚酯纤维作为外套的要点。

3

2012 春季外销女装产品设计规划

总体来说，这是一个明快但十分冷静的旅途。它通过单色和拉长衣服的轮廓来解构熟悉的 body-con 风格。同时，也强调出轮廓感的重要性。

4

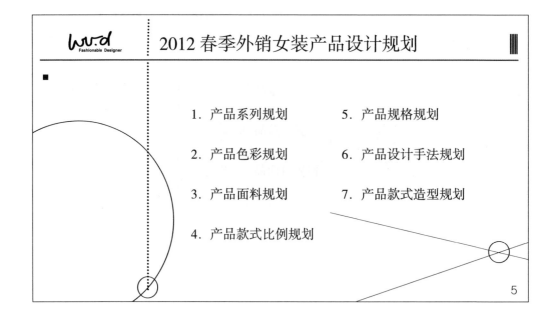

2012 春季外销女装产品设计规划

1. 产品系列规划
2. 产品色彩规划
3. 产品面料规划
4. 产品款式比例规划
5. 产品规格规划
6. 产品设计手法规划
7. 产品款式造型规划

5

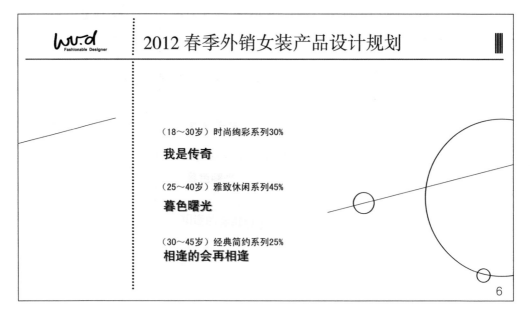

2012 春季外销女装产品设计规划

（18～30岁）时尚绚彩系列30%

我是传奇

（25～40岁）雅致休闲系列45%

暮色曙光

（30～45岁）经典简约系列25%
相逢的会再相逢

6

2012 春季外销女装产品设计规划

我是传奇

针对消费群体：18～30岁时尚女性

本季春季外套设计方向为色彩鲜艳的实用性外衣，廓型宽松简洁，剪裁利落不拖沓，面料多采用轻薄透气的人造纤维与柔软吸汗的水洗棉，细节则多为人性化设计。

7

2012 春季外销女装产品设计规划

我是传奇

针对消费群体：18～30岁时尚女性

日本的核电厂爆炸，一瞬间，"核泄漏、核污染、核辐射"成为人们的可怕梦魇，这会是世界走向灭亡的开始吗？我们不要这样悲观啊，不过，先穿上防辐射服吧！

当我们疯狂的热衷于将复古的衣衫穿上身的时候，有没有思考我们追逐的原因呢？也许是现代的冰冷、淡漠、冷静无法让我们找到自我归属与认同，我们寂寞，我们孤独，所以我们回溯历史中曾经发生过的温情，体味温存。

2012年，并不是一个终结，是新生的开始，或许，在悲观主义者心中这是一场无法逾越的悲剧，但是我们要积极乐观地向前瞭望，我们热爱生命，生命便不会离我们而去，我们每个人都将成为一个传奇。

末日，终究还是来了。
但终结并非是场灾难，结束意味着新的开始。
不要悲伤，不要恐惧，内心强大便可撑起这天与地，乐观地向前瞭望。
来吧，让我们穿起防护服，在实况中继续。

8

2012 春季外销女装产品设计规划

我是传奇

针对消费群体：18～30 岁时尚女性

标志荧光橙　淡定黑

警示黄　天空蓝

水洗蓝灰　生命红

维他绿

关键词：

积极

乐观

保护

生存

温存

触感

9

2012 春季外销女装产品设计规划

我是传奇

针对消费群体：18～30 岁时尚女性

面料关键词：

轻薄

色彩

触感

混搭

聚酯纤维

透薄尼龙

水洗棉

选择轻薄透明的尼龙、聚酯纤维面料混搭纯棉水洗面料，在突出色彩的鲜艳与面料质感细腻轻透的同时赋予服装应有的舒适触感，同时，两种面料的透搭关系将制造出一种新的质感，无论观感还是触感都能给人以愉悦感。

10

wu·d
Fashionable Designer

2012 春季外销女装产品设计规划

我是传奇
针对消费群体：18～30岁时尚女性

设计手法关键词：
多口袋实用设计
多车线
帽子设计
金属拉链

设计手法整体偏向于实用主义，并且注意保持整体的简明大气风格，因此将细节隐于大块面的感受中。

11

wu·d
Fashionable Designer

2012 春季外销女装产品设计规划

暮色曙光
针对消费群体：25～40岁时尚女性

12

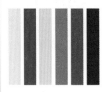
暮色曙光

针对消费群体：25～40岁时尚女性

暮色、黄昏、黎明、笼罩黑夜。
曙光、破晓、光明、照耀大地。

2012,
有着神灵界的伟大传说。

名为阿尔宙斯的神灵掌管着时间的流动，却不知为何开始暴动，所在之处也开始崩塌。从此，大地的时间开始一点点的停止，不再流动。正当世人陷入一片恐慌之中，那凌驾于时间之上的精灵在天空中若隐若现，它们高傲地抬头，面对着整个世界。神灵开始引吭高歌，赞扬这个世界；信徒开始低声吟唱，祝福这个世界。随着它们所到之处，人们的心灵随着信仰得到救赎和统一，散发出无比强大的力量。

13

暮色曙光

针对消费群体：25～40岁时尚女性

产品面料规划

斜纹纯棉质面料——横扫2011春夏雅致系列感的T台秀，运用的许多纯棉水洗面料，特别有斜纹面料的大量存在。像 Burberry 和 Max Mara。颜色非常稳定，以驼色、灰色、亚麻色配合黑色、白色运用。

14

lw·d
Fashionable Designer

2012 春季外销女装产品设计规划

暮色曙光
针对消费群体：25 ~ 40 岁时尚女性

产品面料规划

超薄面料——譬如大量的剪裁型尼龙网眼面料的运用，和质地厚重不同的透明面料都大量被使用，通常层叠和悬垂在身体上，制造出充满活力的感觉。

15

---

lw·d
Fashionable Designer

2012 春季外销女装产品设计规划

暮色曙光
针对消费群体：25 ~ 40 岁时尚女性

产品设计手法规划

款式特点——
背部雨挡以及背部开褶透气

16

相逢的会再相逢

针对消费群体：30～45岁时尚女性

主题阐述：

"人法地，地法天，天法道，道法自然。"
道的力量，生生不息，生天生地。
鬼神帝圣都是由道的自然功能所分化，
是一种自然力量的运化。
没有为什么，也不是为了什么。
原本未动、无源无终、无前无后、无生
无灭。
在日常生活之中，
只需让一切自然地运变流行。
自然的静，不假造作、自由自在。
又何必头上安头，作茧自缚呢？
"每一个人都有属于自己的一片森林，迷
失的人迷失了，相逢的人会再相逢。"
"完美的文章并不存在，就像完美的绝
望并不存在一样。"

17

相逢的会再相逢

针对消费群体：30～45岁时尚女性

米色搭配卡其色，舒
适、休闲的感觉。
高亮白色、粉质颜色，
明朗、清爽的气息。
少量低明度色穿插其
中，把干练与潇洒的
气质发挥得淋漓尽致。

色彩应用规划：

喧嚣城市中的一缕慵懒气息，闭上眼睛，
想象漫步在春日的郊外，青草的馨香味、
树木的呼吸声、晨露的潮湿感、春日的气
息仿佛真的缱绻在鼻翼、回响在耳边、眷
恋在指尖。

18

2012 春季外销女装产品设计规划

相逢的会再相逢
针对消费群体：30 ~ 45岁时尚女性

面料应用规划

19

2012 春季外销女装产品设计规划

相逢的会再相逢
针对消费群体：30 ~ 45岁时尚女性

细节设计规划：领型

20

2012 春季外销女装产品设计规划

相逢的会再相逢
针对消费群体：30～45岁时尚女性

细节设计规划：开关
方式

21

2012 春季外销女装产品设计规划

相逢的会再相逢
针对消费群体：30～45岁时尚女性

细节设计规划：装饰
方法

22

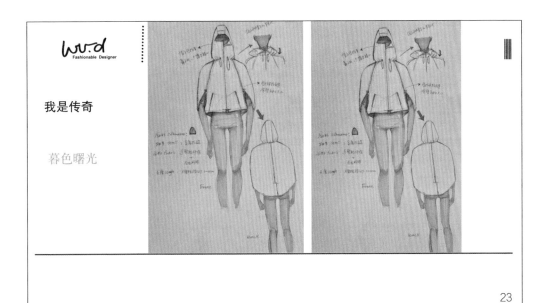

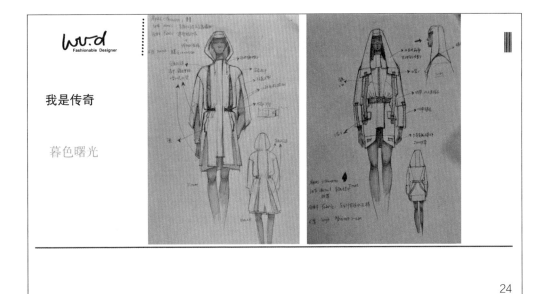

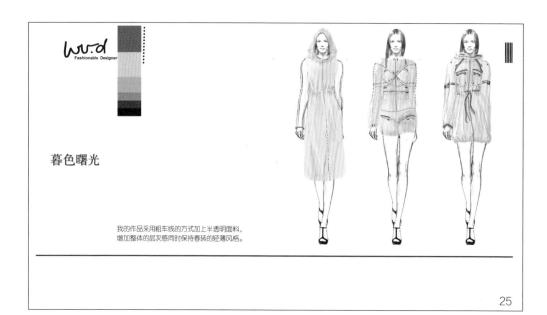

暮色曙光

我的作品采用粗车线的方式加上半透明面料，
增加整体的层次感同时保持春装的轻薄风格。

25

暮色曙光

26

暮色曙光

27

注　本案例来自李态、马思彤等PPT作业

第三章　品牌与设计——向内心发问

本章是对自创品牌的模拟课程训练。

在大众市场中，常见的品牌模式有两种：一种是产品品牌；另一种是设计师品牌。产品品牌是以相对单纯实用的设计将潮流适度地融合到基本款式中，设计师常常以团队为主，并不突出表现设计师个人的能力及个性。设计师品牌注重设计师主观创意的发挥，首席设计师具有较高的"曝光率"，产品注重设计和设计师的风格，强调品牌个性，注重宣扬品牌主张，往往成本和价格都偏高。

一个品牌有无自己的观点、有无品牌主张，是能否形成设计品牌的关键。独特的观点与主张是形成品牌特征和风格的前提，而观点和主张都来自首席设计师或者品牌设计总监的内心，能够做到不人云亦云，是有难度的。向内心发问便是寻找和思考个人独特观点的方法。

在自选品牌、限定品牌模拟训练的基础之上，本章将引导大家自行创作一个全新的品牌，从为品牌命名开始，完成一系列创造品牌的过程，了解和掌握品牌设立过程中的不同环节以及与品牌精神的关系，提高对品牌风格的掌控能力，为将来建立自己的个人品牌打下基础。

第一节　品牌文脉

在限定品牌的训练中，品牌价值是首要了解的概念。在以设计和创新为核心的自创品牌训练中，我们首先要了解的是品牌文脉。

一、什么是品牌文脉

文脉（context）——指事物等发生的来龙去脉、前后关系。

品牌文脉——包括有关品牌的联想、品牌的背景知识和信息、品牌商品的消费环境等。

独特的品牌价值来自于独特的品牌文脉，着眼于品牌的文脉，通过文脉可以将企业设计的品牌识别与顾客拥有的品牌形象相连接。在竞争激烈的市场中，明确品牌构思、企划产品与消费者之间的关系，可以通过与消费者共享品牌知识、共同认识品牌内涵，使产品的形式尽量适应消费者需求，从而激发品牌的价值与活力，创造出与众不同的理想的品牌形象。在自创品牌的训练中，设计师要着眼于自身的特色与自创品牌相契合，在明确个人创意DNA的同时，将它融入作品中去，并筑造品牌独特的品牌文脉，这是独立设计师品牌创立的最佳途径。

二、如何了解服装品牌文脉

阿久津聪（日本）的著作《文脉品牌》一书中提到"品牌文脉的构筑，是将无形的品牌价值，通过建立背景信息或知识结构使之表现出来。其目的，就是通过品牌的结构化，使其可视化而容易操作。"服装品牌的文脉以此可以推理为是通过品牌历史和品牌风格来了解品牌的文脉。品牌的历史变迁以及品牌风格的形成需要时间的沉淀，具象体现在产品的结构语言上，包括设计选用的面料、色彩、工艺、面辅料、配饰以及艺术表达方式等。透过对表面事物的观察分析得出其本质的所在，这些构成要素都可以对产品性能加以分析和定位，来帮助把握品牌的文脉。

在确立原创品牌的文脉之初，除了前面所提到的品牌DNA、创新、个性等问题要各个击破之外，还要将品牌的结构语言与品牌的DNA、创新、个性等特质合理的连贯起来，组成原创品牌的文脉，这也是需要实践和时间来打磨的。将品牌DNA解构，把服装要素分解之后，在依据品牌个性以及融合潮流的基础上再进行整合，则会容易地做到解读品牌，这在整个原创品牌的构筑过程中，是把握品牌文脉的有效途径。

第二节　品牌创新

品牌创新是对过往已有事物的重新解读，是沿用已有的设计语言，或是创造一种全新的设计语言，并且十分注重强化品牌的主张。品牌主张可以是价值主张，也可以是审美主张，其表达的核心是社会价值观，也是设计师的世界观，是品牌的精髓。品牌创新不是孤立的个人行为。品牌需要有识别性，是一个品牌区别于其他品牌的特点，体现出独特和个性的东西。品牌的创新需要概念的选择和表达，从概念的抽象到实现的具象，这个过程在品牌虚幻中赋予了新意，有些创新与改良，渗透到产品中。品牌创新是对品牌进行品牌文化的梳理，对策划案进行创新，并赋予品牌灵魂。用服装讲述故事，用品牌传递设计师的世界观。

以造型艺术或视觉形式美为主导的设计算不上一个优秀的设计，优秀设计的本质是传达价值主张。在服装中，高级定制时装往往与艺术性、独特性以及创意性结合紧密，其实成衣与创意之间也是不可割裂的，都是基于可穿性而设计的，只是着装场合不同而已。不管怎样，都不可忘记将自己置身于现代性设计的大语境之下，创新要进行整体把握。这需要审美层次的选择，包括自己的审美层次和消费群体的审美层次都要兼顾。

一、创新思维的重要性

设计是具有创新思维的造型活动，是针对人而做的，设计是使用者与创造者之间交流沟通的桥梁，它是独立于艺术而存在的。设计应该"以人为本"。在设计中,起始点要高,要有发散性思维,另辟蹊径,避免思维定式。服装设计一直遵循形象思维的规律,它从灵感的激发、捕捉中而产生创意,再到具象的构成表现以及最后实现创作目的,其间经历了多次形象的变换、组织、交叉、整合等复杂的思维过程。

服装设计的创新思维应具有一定的新颖性、独创性,体现在创意思路的选择上;思考的技巧上;思维的结论上;实现的表达上。服装设计中的创新思维可以从某一构成元素、某一主题表达方向开始,或从某一局部有意识地予以突破,这种突破可能是思维定式的突破,可能是构思环节的突破,也可能是某种技法手段的突破,还可以是对完整的破坏或对某些已有形象的超越等,从而在服装的色彩、面料、肌理、空间结构上体现的首创性、开拓性。

服装产业的发展也需要创新和创意的支撑。近二十年是我国服装产业的机遇和挑战之年,从"世界工厂""中国制造",逐渐向"中国设计"转变,创意品牌和文化品牌较少,传统、传承性品牌有待开发。与我国相反,西方国家历来有重视设计、尊重设计师的传统,他们一直以来看重创意产业。

改变人们意识中的常规观念就是革新,并非是奇装异服。一切的革新都源于思想的革命,法国的启蒙运动就是最好的证明。只有观念意识上有了新生事物的萌芽,随之而来才有一场颠覆传统的风暴。社会文明的提高,将容许越来越多、各式各样的思想观念存在,这给革新提供了孕育的温床。当然,革新也不是天马行空,它必须契合人们的心灵,是人们真正所需要的。这些设计中的新观念,也正是品牌主张的主要内容。

二、如何实现品牌的创新

如何实现品牌的创新要从品牌DNA、品牌个性以及品牌的结构语言等方面来实现,这些方面同时也构筑了品牌文脉,所以品牌的创新也可以理解为品牌文脉的创新。

在品牌DNA中,产品设计时应该如何思考?这不仅是服装创新中最根本的切入点,同样也可以延展到品牌的创新。杰出的设计师需要具备以下的技艺:在各种复杂的线索中找出规律的能力;将零碎的思考整合成新想法的能力;从与自己不同观点的角度出发考虑问题的能力等。由此,在服装产品的设计中可以归纳为：在众多信息中寻找灵感的技艺；在解构的服装要素中创新、整合的技艺；由服装个体构筑成品牌文脉的技艺。

　　在品牌创新中，可以运用设计领域之间互相渗透与合作，让设计呈现出更加丰富多变的表情。服装与建筑、服装与艺术、服装与电影，甚至服装与生活用品、食品，这些与服装品牌间的跨界合作都会引起极大的关注。被誉为"清水混凝土诗人"的日本建筑师安藤忠雄（Tadao Anto），其在设计中有意识地关注建筑传统，尤其是日本的传统住宅，并深受其谦逊与淡泊的品质所感染，但他的建筑给人的印象并不是传统的，而是异常现代，与时尚结缘的契机体现在为意大利时装设计师乔治·阿玛尼（Giorgio Armani）设计位于米兰的阿玛尼剧场（图3-1），成为一时美谈。

图3-1　阿玛尼剧场

　　"品牌个性"在1955年就被学者加德纳征（Gardner Levy）提出，随着对品牌内涵的进一步挖掘，品牌个性论（Brand Character）已经成为营销领域的焦点之一。品牌个性可以简单地理解拟人化的表达，即品牌人格化，如果想象这个品牌是一个人，那么它应该是什么样子的？多大的年龄？什么样的外观？行为、生活方式和价值观是什么？服装的品牌个性可以从两个方面来理解：一是服装被呈现出来的方式，如品牌名称、服装本身、包装、营销渠道等；二是服装最终被消费者如何理解和驾驭的。对于服装品牌个性的创新，可以通过塑造个性使之别具一格，或令人怦然心动，或持久永恒，也可以用核心概念或具象的图文表现出品牌的个性，最终完成品牌内在与外在的形象塑造。

　　品牌的结构语言在设计师原创品牌的塑造中起到了驱动者的作用，像一个链接的线条一样把品牌的DNA、创新性和个性紧密地连接在一起。在面对瞬息万变的时尚大潮，这个链条也要随时变化，既要围绕着品牌DNA也要有所突破，为品牌的发展确定方向和新战略。

第三节　自创品牌策划

　　自创品牌策划最为关键的就是让品牌的风格和设计师的个人气质相契合，即品牌DNA与个人风格DNA要相互渗透。设计师品牌的特征就是设计师个人价值观、审美观的体现以及设计风格的流露，有明显的个人风格的烙印，并传达着一种独特的气质和精神。

一、结合调研设定品牌风格

　　在前期思考的基础上，还要进行广泛性市场调查，其目的是对目前的服装市场环境有一个更新的、更深入的、更有针对性的认识，便于后面的自创品牌具备实际操作的可能性。广泛的市场调研是针对市场上可以见到的大部分品牌进行的，尤其是市场占有率比较高、影响力比较强的品牌。在此阶段需要进行大范围的、表面化的调研，不必顾及该品牌是否与自创品牌形成竞争关系等因素。对调研结果进行分析整理后，确定竞争品牌。经过调研分析出在中国市场上占有率比较高的品牌、自己感兴趣的品牌以及可能作为竞争对手品牌的相关信息。

二、自创品牌风格设定的方法

　　品牌定位是指品牌在市场定位和产品定位的基础上，对特定的品牌在文化取向及个性差异上的商业性决策。产品定位是对市场定位的具体落实，以市场定位为基础，受市场定位的指导，但比市场定位更深入和细致。在完成市场定位和产品定位的基础上，运用创立品牌的生活方式和感性方式定位，既可单独使用，也可综合考虑，最终能定位个人的喜好，确立品牌的主张，是进一步创造品牌差异化、增强品牌竞争力的主要方式。

（一）通过生活方式定位

对目标消费者进行文化特征分析，消费心理需求分析以及文化形象的标准描述，来梳理品牌的目标定位。通过对目标消费者的描述和分析来制定自创品牌文化的基本状况，提炼品牌价值观，提出品牌概念、品牌个性和品牌文脉以及明确表达品牌主张。

由品牌市场定位和品牌风格定位研究，可以得出相对明确的目标消费人群，通过目标消费人群进行更深入的研究。在设定消费者个人偏好定位时，可以更加具体和细化。因为服装穿着和生活方式是相互联系的，当穿着某种服装时，就等于自然而然地选择了某种生活方式；又可以说某种消费者群体，他们有着相同的穿衣喜好和相似的穿衣风格。他们的生活方式是怎样？休闲活动有哪些？经常出入什么样的场合？居住在什么类型的房子？开什么品牌的汽车？喜欢什么样的音乐？喜欢去哪些地点旅游？平时的阅读方式是怎样的？喜欢哪些服装设计师？喜欢的购物地点在哪里？吃什么？住什么？对哪种艺术感兴趣？有何嗜好？学历以及收入水平？每月用于服饰的经济支出如何？他们可以接受的价位是多少等都要进行细化的定位。通过消费群体生活方式的描述，传达出新创品牌为哪个群体的顾客服务，或者说穿新创品牌的是过着哪样的生活（表3-1）。通过对消费者生活方式的定位分析之后，

表3-1　品牌目标人群分析

	细分标准	典型的细分市场
消费者基本信息	居住地区	东北、华北、华南、西南、东南
	气候	温带、亚热带、热带
	性别	男、女
	年龄	6岁以下、6~11岁、12~19岁、20~34岁、35~49岁、50~64岁、65岁以上
	经济收入（年）	10万元以上、6万~10万元、6万元以下等
	职业	白领族群、个体从业者、国家公务人员、演艺工作者或创意类工作者、学生等
	教育程度	大学、研究生、博士等
生活方式	穿着场合	社交、居家、旅游、工作等
	时尚态度	投入、热情、肯定、无所谓、不关心
	生活方式	积极进取、消极颓废、保守稳定、改革求异等
	衣着价格	高档、中高档、中档、中低档等
	购买地点	百货商场、专卖店、个性小店等

就能更加了解消费群体，并且能够针对目标消费群体进行设计。要说明的是，在这个部分，我们所确定的数据都是以主流消费群体为主来进行设定的，因为再明确的品牌定位也会有所出入，如奢侈品类的品牌也不排除有一般工薪阶层用长时间积蓄消费的情况。

（二）通过感性方式定位

1. 通过文字定义

运用大量形容词以及某个实际存在或虚构的人物形象来定位品牌。

在以文字描述品牌特性时，首先要注意各词汇之间的协调性。可以筛选一组恰当的形容词来描述设定的品牌风格，在描述时注意各项标准之间的协调。例如，形容迪奥（Dior）的时候可以用到：淑女的、优雅的、奢华的、招摇的、高品质的、多元化的等形容词，而如果用实用性的、低调的、朴素的词汇就不恰当了（图3-2）。

其次，要注意选词的适用跨度。在决定使用的词汇后，我们还需要考虑使用词汇的时效性，是否能够在比较长的时间内

图3-2　设计风格表述

一直准确的形容品牌。例如，今年流行未来主义，但明年如果不流行了，你的品牌中原有的未来主义的设计这个词汇就不再适合形容你的品牌了。所以，我们所要描述的品牌风格词汇尽可能在五年左右的时间内不会产生大变化。

另外，很多设计大师都习惯寻找一位他们心中的"缪斯"（古希腊神话女神的总称）借以发挥想象的空间，而这些"缪斯"身上的特质就是形容这一品牌风格的最佳代表。例如，纪梵希的"缪斯"是奥黛丽·赫本，纪梵希曾说过"魅力不是在于一个女人静态时身体的某个部位，而是在举手投足动态中流露出来的一种整体感觉。赫本就是这样，她身上的气质不是由身体曲线表现出来的性感，而是一种特别的女人味和孩子气，将优雅的美和俏皮的可爱集于一身。" 1957年，纪梵希的第一瓶香水问世，它完美地捕捉到了赫本身上的那种清新和浪漫的气息，开创了纪梵希非同一般的香水风格。后来，纪梵希在亲笔撰写的文章里承认赫本是"禁忌"香水的灵感来源，这款香水几乎就是赫本本人的化身。适用于赫本的形容词同样适用于形容那个时间段纪梵希品牌的风格，如高贵的、清纯的、唯美的以及典雅的（图3-3）。

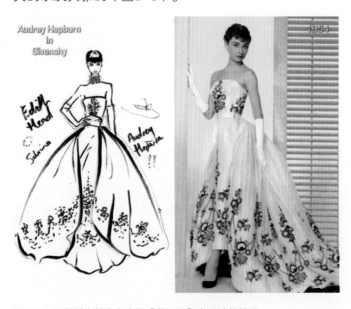

图3-3　纪梵希为赫本在电影《龙凤配》中设计的礼服

2. 通过图像定义

运用照片（特定人物或景物）、绘画、卡通插画等图像定位品牌。

　　图像定义可以是任何形式的图片，唯一的标准就是要符合品牌设定好的风格定位，如果没有现成正好适合的图片，甚至可以创作一些图片来描绘符合品牌特性的氛围、感觉。如图3-4所示JAMY WEE品牌男、女装运用了图像定义品牌。

JAMY WEE品牌男装成衣
关键词：活力、修身、中性、阳光、结构感
类似品牌：速写、DIOR、Lanvin等

JAMY WEE品牌女装成衣
关键词：气质、中性、性感、干练、结构感
类似品牌：Marc Jacobs、Lanvin、Max Mara、Hermès、Parda等

JAMY WEE/13

图3-4　JAMY WEE品牌

三、品牌DNA的设定

　　品牌DNA在外观和服务上由产品、包装、店铺、橱窗、展示、广告、网络以及网页八个部分构成。在原创品牌DNA设计的环节上，要考虑品牌个性、品牌构成语言以及未来的品牌运营，并结合品牌DNA的八个部分表现。

　　品牌DNA的设定包括：自创品牌标识系统的设定；品牌视觉系统设定；品牌竞争对手设定；店面地址设定；店面的形象设定；产品结构和价位结构设定；宣传策略设定；品牌形象代言人设定八个方面。

（一）自创品牌标识系统的设定

　　令人印象深刻的品牌名字是品牌的良好开端，对于品牌而言，名字是让消费者记住并能快速了解品牌设计风格的通道，因此一个适宜品牌的名字和标识Logo十分重要。品牌标识是通过对自创品牌的商标、标识系统的设计，从而强化品牌的定位与风格，是将品牌形象符号化的重要手段，能够直观的带给消费者品牌信息，标识体现品牌定位和精神。另外，为了使品牌在未来发展中更趋向于国际化，在设定时需要同时考虑中英文标识的设计（图3-5）。以下两个品牌Logo分别为"吉米魏衣"和"有耳"。

图3-5　"吉米魏衣"和"有耳"的Logo

（二）品牌视觉系统设定

1. 商标

　　包括：彩色版本、黑白版本以及应用注意事项。

2. 吊牌

　　包括：商标的排列、产品信息的布局、吊牌的尺寸和制作吊牌的材质（图3-6）。

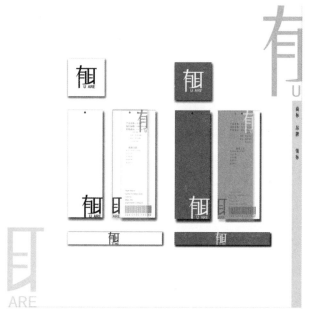

图3-6　吊牌的设定

3. 二级品牌Logo

二级Logo是品牌标识系统中的基本构成，它不是用来注册的那个商标，但它是商标的视觉识别的补充。

包括：品牌、色彩的设定、附属花型。

4. 三级品牌Logo

三级Logo是品牌标识系统中视觉形象的进一步应用，目的是强化品牌的识别和对品牌形象的记忆。

包括：里布设计、袋花设计、店铺风格设计、展陈设计、网页设计。

5. 领标

领标是放置在领子部位的商标。

包括：商标和品牌名称的布局、商标的尺寸和制作领标的材质。

6. 纽扣、拉链

牛仔扣、衬衫扣、大衣扣、拉链头上商标Logo的运用，以及纽扣、拉链的色彩和材质（图3-7、图3-8）。

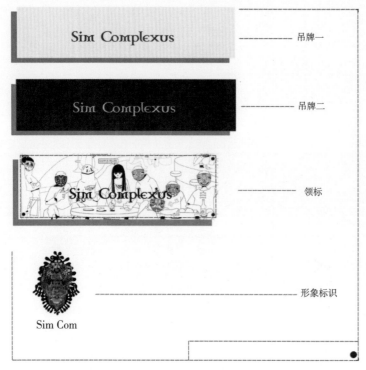

图3-7　商标、吊牌的视觉形象设定

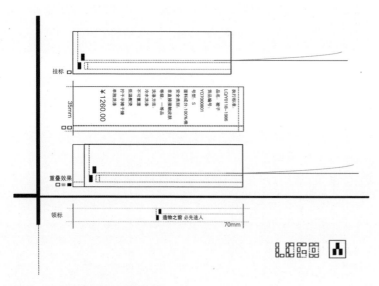

图3-8　水洗标的视觉形象设定

7. 购物袋的视觉形象设定

　　包括：商标的排列、适应不同购物量的尺寸和材质设定（图3-9）。

图3-9 购物袋的视觉形象设定

8. 包装盒

包括：对应不同产品的不同尺寸的包装盒，如帽盒、鞋盒、钱包盒、首饰盒。

9. 丝带

包括：用于包装盒子或购物袋，丝带上Logo的设计一般采用二方连续方式，色彩要与购物袋、包装盒相呼应。

10. 吉祥物

如班尼路品牌的绒毛鲸鱼，品牌要根据具体情况设定。

11. 小赠品

包括：融入品牌设计主题的小物件，在公关过程中可以起到事半功倍的效果，如印花的小坐垫、Logo的钥匙扣等。

（三）品牌竞争对手设定

在广泛调研的基础上，从风格、针对的目标人群、价位等方面确定竞争对手。

在时装界常有"友邻品牌"的说法，一个商场不是靠一个品牌形成的，而是有几个相似或者类似的"友邻品牌"共同组成，一个新的品牌要想在大型商场或商圈中站得住脚，需要确立几个友邻品牌作为竞争对手，有的是风格相似但价位不同的"友邻品牌"，有的是价位相似但风格迥异的"友邻品牌"。这些竞争对手会从不同层面与自创品牌形成竞争关系。从时尚杂志、网络等媒体上搜集相关信息，确立新创品牌最接近的"友邻品牌"和风格完全不同的"对比品牌"，也可将搜集的图像信息进行对比，来理解新创品牌的含义。

确定了竞争对手后，还需要对它们进行深入的调研，调研内容包括：品牌的发展史，品牌设计团队的组成，设计师的个人经历，近几季的产品设计、价位、宣传策略、销售策略等（图3-10）。当然，调研的方式也可以更加多元化，除了观察店面还可以通过网络、杂志、报纸、品牌宣传等方式进行信息收集，从而为进一步确定竞争品牌打下基础。

通过以上的调查，对竞争品牌有了较深入了解，可以通过图表把自创品牌和竞争品牌进行比较，以获得更加直观的优势、劣势等信息，找出应对的策略。例如，自创品牌与竞争品牌相比在市场上的认知度一定不会太高，那么就可以考虑采取加大广告宣传、加强出镜率的策略来进行弥补。

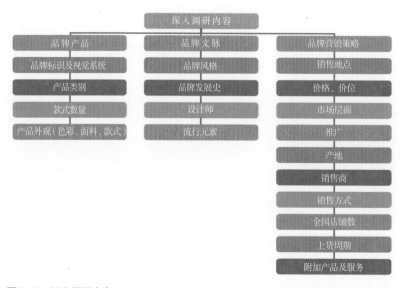

图3-10　深入调研内容

（四）店面地址设定

店面地址的选择决定了不同的消费族群和消费预期，因此要对选择的店面地址进行深入的论证，最终再确定将店面置于商圈中还是商厦中。

1. 商圈

商圈是指比较大的一个商业环境，例如，北京的西单商圈、东单商圈、国贸商圈，上海的徐家汇商圈、梅龙镇商圈等。它们可以容纳若干商家、商铺并共存其中。对商圈的研究和论证应包括以下内容：

（1）商圈的消费层次包括：高层、中高层、中层、中低层、低层或混合层。

（2）周边商圈的消费群主体。包括的年龄层次在：20岁左右、30岁左右、40岁左右、50岁左右及以上。职业为：学生、刚参加工作的年轻人、成功白领、商企老板、外籍人士、演艺人员。平均收入水平：月薪3000元上下、5000元上下、10000元以上。

（3）周边商圈的商业设施。对周边商圈的商业设施要从密集程度、完善程度、交通状况等进行考虑。

2. 商厦

商厦是指独立的商业体，是相对比较小的商业环境，具有更加明确的定位，相应分流了非目标消费群，例如，北京的赛特大厦、华威大厦等。对商厦的研究和论证应包括以下内容：

（1）所在商厦是否有主题，主题是什么？是否适合自创品牌的风格特色。

（2）所在商厦的消费层次。消费层次包括：高层、中高层、中层、中低层、低层或混合层。

（3）所在商厦的消费群主体。包括的年龄层在：20岁左右、30岁左右、40岁左右、50岁左右及以上。职业为：学生、刚参加工作的年轻人、成功白领、商企老板、外籍人士、演艺人员。平均收入水平：月薪3000元上下、5000元上下、10000元以上。

（4）所在商厦的商业设施。对商厦周边的商业设施要从密集程度、完善程度、交通状况等进行考虑。

通过以上分析得出结论，有利于自创品牌销售的因素和不利于自创品牌销售的因素各自所占比例，是否适合将店址设定在所分析的商圈或商厦中。

（五）店面形象设定

店面形象设定是指设计一套既与整体环境协调，又能突出自创品牌风格特色的装修装饰方案。零售终端的形象是对消费者最直接的宣传方式，适宜的店面形象以及店内陈列不仅能准确地传达出品牌的概念，还可以带动销售，其重要性为各品牌所重视。店面形象设计最终会以文字说明、参考案例、设计平面图、设计效果图等方式呈现出来。

（六）产品结构、价位结构设定

产品结构、价位结构设定是一个通过客观数据规范品牌构架的具体过程。

产品结构可以根据品牌风格、品牌强项商品、季节更换等因素进行制定。产品价位应根据品牌定位的消费群所能接受的价位进行制定，同时各部分之间的价格应是相互协调，可以共同隶属于同一品牌（表3-2）。

表3-2　某品牌全年产品结构及价位统计

品类	所占比例（%）（春夏）	所占比例（%）（秋冬）	价位（元）
背心	15	—	80 ~ 300
T恤	15	5	120 ~ 400
裙子	15	10	300 ~ 700
连衣裙	20	10	450 ~ 1000
裤子	10	20	300 ~ 800
牛仔裤	15	15	350 ~ 1000
毛衫	—	20	500 ~ 1500
上衣	10	10	700 ~ 2000
外套	—	10	900 ~ 3000
整体价位			80 ~ 3000

（七）品类比例

　　服装品类指服装的品种和类别，是服装分类的结果，也是服装细分后的最小单元。比如：上衣类、裙子类……组合的构成是将品牌季节企划具体落实在商品中，品类的企划包括品类构成、品类比例、价格设定以及尺寸设定。方法是参照上一年该季度的销售实际制定出本季的销售数量、构成比例和各个品类的款型数量，重点是把握住每一品类的款式数量和构成比例。如果说决定商品构成的核心是品类比例，那么商品整体中的主题商品、畅销商品以及常销商品（长线商品）就是构成品类比例的主要框架（图3-11）。主题商品是指表现季节设定主题、突出体现流行趋势的商品，针对时尚敏感度高的消费者，具有很强的流行提示性；畅销商品是指上一季热销的、有较大的市场需求并反应良好的商品；常销商品也称为长线商品，是指能够稳定销售的商品，通常不被流行潮流左右，以单品形式推出，易于搭配。品牌公司会将长线商品的品类固定在企划里，每年每季都将此类产品列入计划之中，以供应品牌销售。

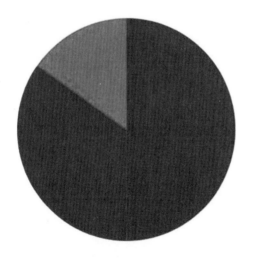

● 常销商品　　● 畅销商品　　● 主题商品

图3-11　品类比例的主要框架

　　通常，主题商品占10%～20%，畅销商品占30%～40%，常销商品占40%～50%。由此可见，品类的比例决定了品牌的销售情况。

（八）宣传策略设定

广告宣传能够塑造和推广品牌形象，拉动产品销售，广告宣传在品牌策划中是至关重要的。拟定广告宣传费用在总投资中的比重也是宣传策略中不可或缺的环节。广告宣传费是指企业通过各种媒体宣传或发放赠品等形式，激发消费者对其产品的购买欲望，以达到商品销售的目的，从而所支付的费用。广告宣传能扩大品牌知名度，让更多消费者熟知品牌，也能进一步了解品牌的产品。广告宣传的渠道有很多，通常是电视广告、杂志广告、报纸广告、网络广告、店内海报、宣传品派发等。通过品牌消费人群的生活方式来进一步选择合适的广告宣传渠道。

自媒体的广泛使用，为设计师自创品牌带来便利。制造软广告、编写读者喜欢阅读的内容以及加强品牌出镜率，都是提高新品牌知名度的有效方法。

（九）品牌形象代言人设定

近年来，品牌形象代言人在国际市场和国内市场中都是很常见的推广方式，但是在选择代言人的时候一定要考虑到其形象是否符合品牌的定位，是否代表品牌的精神，是否在目标消费群中具有号召力。品牌形象代言人的职能包括各种媒介宣传，传播品牌信息，扩大品牌知名度和认知度等，参与公关及促销，与消费者沟通并促成购买行为的发生，建立品牌美誉度与忠诚度等。品牌代言人可以是真实存在的具有一定公信力、影响力与传播力的公众性人物，他们一般是某个领域的名人、专家或权威；也可以是公众影响力较低的、不知名的普通人物或卡通造型，他们来自生活与工作的各个领域，是广大普通受众的代表或熟悉的对象，他们有独特的一面，力求还原于生活现实，以平凡诉求的手法拉近与消费者的心理距离，从而达到告知与说服的目的。真实人物可以选择演艺人员、政界人员、体育人员、模特、平凡人等，虚拟人物可以选择电子游戏人物、卡通人物或者自创的虚拟人物等。

第四节　自创品牌当季设计方案

一、流行趋势分析整理

（一）获取最新的流行资讯

　　最新的流行趋势可以从专业机构发布发行的期刊以及相关网站中获取，也可在知名服装品牌发布会和时装周中获得，因为具有影响力的设计师作品会被市场广泛的接受并形成比较长的流行期，因为在这些设计师的作品中能寻找到具有流行潜力的设计元素，这也是获取流行趋势的方法之一。还可以在街头时尚抓拍中整理出流行趋势，街头时尚有时也会反作用于设计师的设计，观察街头的流行趋势可以帮助我们获得更直接有效的、更易被消费群接受的流行元素。

（二）对流行趋势进行分析

　　合理、完整的整合调研信息，就能够得到所需求的市场流行趋势。对流行趋势的分析，通常从主题特征、材料质感、图案纹样、细节设计、轮廓造型等方面入手。根据以上方面总结出流行点后，还要针对设计主题或灵感来源进行总结和精减，把不适合的部分删掉，但不要为了一味地追求流行而偏离了设计主题。

（三）流行趋势的发生规律

　　一个阶段流行的浪潮从发生到退出舞台的过程可以用一条抛物线来描述，我们在总结一个流行点的时候要对它进行判断，它是处于抛物线的上升期？巅峰期？还是下降期？通常在波底①时是创造性设计的开始，也就是流行的发生阶段；处于波形上升期②时是流行的汇集阶段，这时流行趋势才会被采用，因为品牌的设计、生产、销售是需要周期的，如果选择了处于巅峰期③时和下降期④时的流行趋势，结果往往是在它到达销售终端的时候，已经被新的流行趋势所取代了，因此，对流行趋势所处状态的判断十分重要。处于波形高峰时已经形成了大众流行，并且流行开始逐渐淡去，并最终被新一轮的流行所替代（图3-12）。

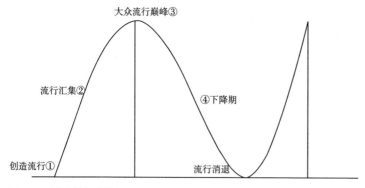

图3-12　流行趋势曲线图

二、制订出自己的流行趋势方案

（一）当季主题确定

　　产品季节性主题的设定是确定某一具体季节推出的穿着风格，根据确定的主题，要在商品化过程中进行具体的搭配组合。产品可概括为春夏、秋冬等主要季节性风格，当然还可以将季节更细分化。确定商品的主题风格是为了在具体的产品设计中设计焦点集中和产品具有统一性。

（二）选取设计主题、灵感来源

　　任何事物都可以作为一个设计系列的灵感来源：一个艺术流派、一段音乐、一部电影、一个历史时期、一种少数民族情怀等。例如，Dior常选用的民族文化主题：日本大和民族、中国少数民族、印度斯坦族等。常被设计大师选用的时代主题有洛可可风格、维多利亚时期风格、20世纪40年代风格、50年代风格以及艺术风潮等（图3-13）。

图3-13　灵感来源

（三）用文字或图像描述

以文字、图像对选定的灵感来源进行描述。文字可选用词组、诗歌等形式，注意秉持间接明了的原则。以图片对灵感来源进行描述的时候可选用照片、绘画甚至是插画等形式，这样可使抽象的灵感来源更加视觉化，为随后的设计做一个连接。

（四）色彩及材料小样

1. 确定色调

从灵感来源中提取出色彩元素，并将其概括为一个色调或一个色彩系列，并制作出相应的色卡。在对提取出的色彩进行整理的时候要注意色彩之间的关系以及季节限定，可以是邻近色、对比色，在色相、明度、纯度等方面也要遵循一定的规律，避免杂乱无章的用色，这样会使设计的系列感减弱，也会为面料的选择增加难度。

2. 确定面料

色彩确定了之后，就要将这些色彩落实在面料上，不同色彩在不同面料质地上会呈现出不同的感觉和味道，因此，即使是同样的色调用不同的面料质地来呈现，也会营造出完全不同的质感来。在一个成衣系列中，通常有机织和针织两大类型面料。机织面料是衬衫、外套、夹克、裤装的常用面料，在一个成衣系列中有着非常重要的地位；针织面料由于其舒适、易穿、易打理的特性，近年来在成衣系列中成为越来越重要的一部分。在精选面料方面，初步选择出适合主题、色卡的面料后，如果数量过多，就需要进行筛选，因为在进行工业化生产的时候，每种面料都有一个基本的起定量，且定量较大的单价则较低，因此，尽量把类似的面料精减到较少的数量，并且这也是保证一个系列相互有关联感的重要因素，例如，同面料的上装、裤装和裙装可以互相搭配形成不同的套装。如果面料的种类过少，可能难以完成一个系列所需的不同品类服装，另外整个系列可能看起来会比较单调。因此，平衡品类、色调、用途等多方面元素才可以选出适合于整个系列设计的面料。在选取面料时还要对面料的相关知识有一定的了解，如面料的起皱性、物理特性、成本等。

（五）确定面辅料小样

确定了面料种类后，就可以考虑如何在系列设计中使用这些面料了，为了使设计想法更为直观的显现出来，还需要确定相应的辅料。在设计中，要求每个系列应该至少有5种面料小样来支撑，这样可以使整个系列的面貌清晰起来。面料小样细分还包括细节类面、辅料小样、再造类面、辅料小样、装饰类面、辅料小样三部分。

（1）细节类面、辅料小样：服装细部处理手法的具体化处理。例如，明线的宽窄、用色、线迹不同就会使整个服装呈现出不同的感觉；又如纽扣的处理，明暗扣、子母扣、纽扣的尺寸、色彩、材质等因素也在很大程度上影响着服装的最后效果。

（2）再造类面、辅料小样：对购买来的面料进行进一步的处理，使之呈现出不同的肌理、面貌。我们在为自创品牌选择面料时可能会与其他品牌面料重复，为了避免这种情况的出现，也为了使设计创意尽可能地施展，我们可以用叠加、拼贴、捏褶、压褶、抽褶、抽纱、绗缝、水洗等多种方法对面料进行处理。

（3）装饰类面、辅料小样：刺绣、钉珠、贴花等手法都是对面料的装饰手法，也是对服装进行装饰的传统和常见的方式。它们可能不是被运用在整件服装上而是在服装的局部起到画龙点睛的作用。相对繁复的工艺、精致的效果通常会起到提升服装附加值的作用。

（六）设计草图

1. 设计重点草图

结合面、辅料小样及流行趋势研究绘制设计出重点草图。在设计的初期，通常会没有太多的设计想法，这时就要从服装的局部开始，结合已经给出的面、辅料小样等元素出来，将设计构思、基本廓型及大概款式等一些具有原创性的设计点绘制出来。在绘制出的众多草图中，挑选出符合主题灵感设计的草图进行进一步的细节信息补充，通过平面图或者文字的方式明确制作规格以及特殊细节处理。在款式设计中，可以通过灵感图片剪贴与款式图画相结合的方式，向人们宣传新创品牌的形象概念。在设计时既要考虑市场的需求，也要尽量保持设计师本身的设计风格。

2. 将重点应用到不同款式的草图中

将选出的设计重点延伸到不同类型的单品中。例如，同样的印花或刺绣图案可以尝试放在不同款式的T恤衫、衬衫、外套、裤装、裙装上，并筛选出最适合的设计。

3. 画出符合预设数量的单品草图

对照产品结构表检查某一类单品的数量是否合适，并做出相应的调整。例如，产品结构表中设定有5款衬衫，而在上一阶段中却画出了8款衬衫，那么就需要删减掉其中的3款，而保留最符合设计主题且与其他单品搭配的5款。

（七）完整搭配效果图

1. 将不同单品组合出全身搭配

为单品画出较为清晰准确的平面结构图，然后尝试更多的搭配方式。搭配方式可以使用草图绘制的方法，也可将单品结构图制作成卡片，进行拼图式的排列组合。最后，在全部搭配方案中选出20套最恰当的搭配方案，以备下一步的形象设计。

2. 形象设计

近年来，配件在品牌产品结构中越来越重要，它不仅成为搭配形象的重要帮手，甚至在有的造型中取代服装而成为主角，因此，配件设计是完整的品牌产品系列设计中不可缺少的。为完成后的服装搭配适合的配件，如包袋、鞋靴、袜子、围巾、帽子、手套、项链、手镯、戒指等。

搭配适宜的发型、妆容来完成整体形象，合适的发型和妆容会为系列服装的整体形象起到画龙点睛的作用，并为主题的表达加上有力的一笔。如果在这个部分没有做完整的话，就会像一个人穿着不适合的衣服一样，再精彩的服装、配件，在身上也会索然无味。

3. 绘制完整的效果图

在绘制效果图的时候，可以把画面想象成品牌的平面广告，通过模特适合的步态、姿态、形象、画面氛围使最初设定的主题得以展现。

（八）绘制平面结构图

1. 了解平面结构图在制作、商业运作中的重要性

平面结构图对系列服装进行制作整理、存档、记录是非常重要的。在制作过程中，制板、制作样衣和制作成品时都依赖于平面结构图。在销售过程中，以及与代理商、店员沟通时，用到最多的也是平面结构图，可以说，在后续部分的工作中，平面结构图的重要性远远大于效果图。因此，平面结构图要求结构合理、比例准确、绘制清晰。平面结构图虽然没有尺寸标准，但是比例准确的图对于制板工作来说十分重要。

2. 根据单品草图绘制出准确的平面结构图

绘制平面结构图时，可以采用手绘或电脑绘制两种方法。采用电脑绘制，得到的图面效果会更加清晰准确，并且电子文件更利于保存和后续工作中随时调档使用。不论使用哪一种绘制方法，都先绘制统一的人体模板，然后以此为基础进行平面结构图的绘制，这样才可以保证各单品间比例的协调一致。

（九）产品编号

为所绘制的平面结构图编号，也是为设计产品进行编号。产品编号由几个方面的信息构成：产品年份信息、品类信息、板型信息、色彩信息、面料信息、季节信息等。一般来说，信息用阿拉伯数字0～9或者英文字母表示。

（1）年份信息，由品牌公司自己规定。例如，2015年用"0"，2016年就用"1"，2017年用"2"，以此类推，10年为一轮。

（2）品类信息，可以用英文字母代替，例如，女裤就用"LT"，代表"女性（lady）的裤子（trousers）"，女性大衣可以用"LC"（女性lady和大衣coat的英文首字母）等。

（3）板型序号，也可以说是款式序号，因为产品会有色彩和面料的区别，所以产品编号会因色彩和面料的不同产生

不同的编号，以便在未来的管理中加以辨识。板型序号可以用三位或者四位的阿拉伯数字表示。"0001，……，1000"或"001，002，……，100"，数字的多少取决于产品的设计总量。

（4）色彩信息可以用英文单词首字母表示，例如，绿色用"G"。

（5）面料信息可以用数字表示，例如，毛料用"1"，棉布用"2"等。

（6）季节信息可以用字母表示，春夏季"S"、秋季"A"、冬季"W"。

如果按照上面的举例方式，一件2016年冬季绿色女大衣的编号就是1LC001G1W。

当然，各品牌可以用自己的习惯方式进行编号，可以都用数字，也可以都用字母。目前二维码、条形码也常常被采用。

（十）设计图整理

1. 按照产品品类制作平面结构图表格

按照产品品类制作平面结构图表格，是按照背心、T恤衫、衬衫、上衣、外套、裤装、裙装、连衣裙等品类将所有款式图进行分组。可以对每一个品类所有的产品进行总揽，例如，衬衫的产品结构设定有5件，可以对其进行细分和核定，数量是否符合？5件衬衫中有几件是长袖的？几件是短袖的？每一件的设计细节是过于相似还是差距过大？在销售过程中，如果买家需要衬衫类的产品，我们可以根据平面结构图表提供一目了然的资料。表3-3所示为大衣类和裤装类的平面结构图表。

表3-3　大衣类和裤装类的平面结构图表

大衣1	大衣2	大衣3	大衣4	大衣5		
编号及简要说明	编号及简要说明	编号及简要说明	编号及简要说明	编号及简要说明		
裤装1	裤装2	裤装3	裤装4	裤装5	裤装6	裤装7
编号及简要说明	编号及简要说明	编号及简要说明	编号及简要说明	编号及简要说明	编号及简要说明	编号及简要说明

2. 按照所使用的主要面料制作平面结构图表格

主要面料制作平面结构图表格，是按照所使用的主要面料将平面款式图进行分类整理。检查每一种面料是否有相应的数量款式相对应，例如，面料A的定购数量很大，而对应的款式只有1件，那么就可以考虑删去这一款式或使用这种面料再多开发几个款式，否则既不易形成系列又不利于节约成本，极易造成面料的库存积压。在与客户交流的时候，如果对方要求提供某种面料的其他款式选择，我们应可以提供出清晰完整的资料。表3-4所示为以面料A、B制作的平面结构图表格。

表3-4 以面料A、B制作的平面结构图表格

	款式1	款式2	款式3	款式4	款式5	
面料A	编号及简要说明	编号及简要说明	编号及简要说明	编号及简要说明	编号及简要说明	
	款式1	款式2	款式3	款式4	款式5	款式6
面料B	编号及简要说明	编号及简要说明	编号及简要说明	编号及简要说明	编号及简要说明	编号及简要说明

3. 按照产品板形制作平面结构图表格

按照产品板形制作平面结构图表格，是指多个款式在系列中使用不同的面料来呈现，因此，我们通过这个表格对它进行整理。把效果图中还没有用过的不同面料且相同的款式进行整理，这样在生产中会更加一目了然，避免不必要的混乱（表3-5）。在与客户交流的时候，如果客户希望看到同一个款式选用不同面料呈现时，我们就可以提供出产品板形制作平面结构图表格。

表3-5 按照产品板形制作平面结构图表格

板形编号或名称	可选用面料1	可选用面料2
正、反面款式图	产品编号	产品编号
	可选用面料3	可选用面料4
简要说明	产品编号	产品编号

4. 按照产品搭配方案制作平面结构图表格

按照产品搭配方案制作平面结构图表格，是指在效果图中展示多种不同的搭配方案，但是实际操作中往往还会有更多可选的搭配方案，表3-6就是为了把效果图中没有展示出来的搭配方案整理清晰。店内的陈列每周都会更换调整，以便增加新鲜感来吸引更多的目标消费群，而搭配成套的陈列则更有吸引力，这份表格可以指导销售人员或陈列师的工作。若某个特定消费者在选择服装时，效果图中的搭配方案不适合，这种情况下就需要销售人员向他推荐其他的搭配方案以促成销售，这份表格可以为销售人员提供全面、合理的搭配指导。

表3-6　按照产品搭配方案制作平面结构图表格

搭配方案1	搭配方案2	搭配方案3	搭配方案4	搭配方案5
所需产品编号	所需产品编号	所需产品编号	所需产品编号	所需产品编号

本章知识要点

  "向内心发问"是针对当下令人瞩目的原创品牌设计市场，它注重设计师主观创意的发挥，产品强调原创的设计和设计师的风格，品牌个性和概念成为卖点。本章通过从为品牌命名开始，建立包括有关品牌的联想、品牌的背景知识和信息、消费环境、受众人群等企划环节，引导大家自行创作一个全新的品牌。并结合当季系列产品的设计企划完成创造品牌的过程，了解和掌握品牌设立过程中的不同环节以及与品牌精神的关系，提高对品牌风格的掌控能力，为今后个人的原创品牌打下基础。原创品牌策划图册和产品设计图册的内容要点如下：

原创品牌策划案设计图册

·品牌信息
·自创品牌标识系统的设定
·品牌视觉系统设定
·品牌竞争对手设定
·品牌店面地址设定
·品牌店面的形象设定
·产品结构、定价结构设定
·品牌宣传策略设定

原创品牌产品策划案设计图册

·当季主题
·灵感来源
·文字或图像描述
·色彩及材料小样设定
·设计草图
·搭配效果图
·平面结构图
·设计图整合
·产品样衣白坯布样
·样衣成品

策划案封底需加入品牌信息面

·版权所有，未经许可不得用于商业用途
·地址
·联系电话
·E-mail

案例

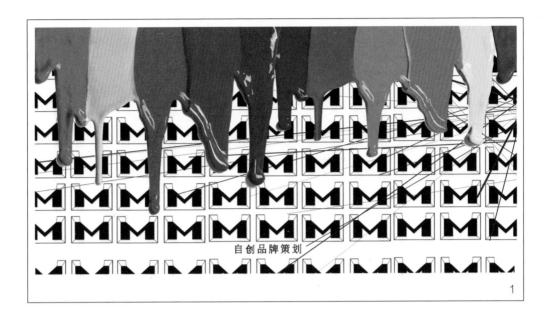

自创品牌策划

1

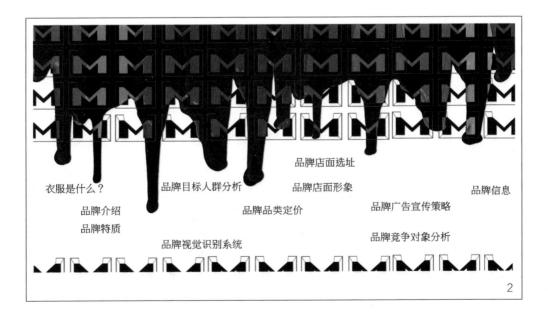

衣服是什么？

品牌介绍

品牌特质

品牌视觉识别系统

品牌目标人群分析

品牌品类定价

品牌店面选址

品牌店面形象

品牌广告宣传策略

品牌竞争对象分析

品牌信息

2

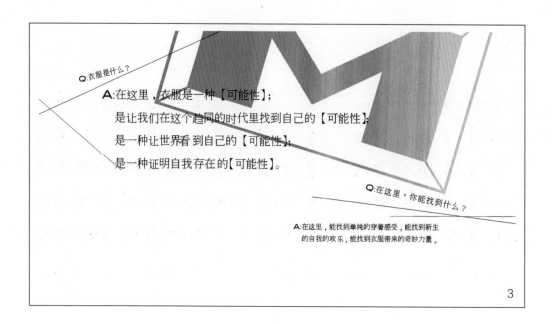

Q:衣服是什么?

A:在这里，衣服是一种【可能性】;

是让我们在这个趋同的时代里找到自己的【可能性】;

是一种让世界看到自己的【可能性】;

是一种证明自我存在的【可能性】。

Q:在这里，你能找到什么?

A:在这里，能找到单纯的穿着感受，能找到新生的自我的欢乐，能找到衣服带来的奇妙力量。

3

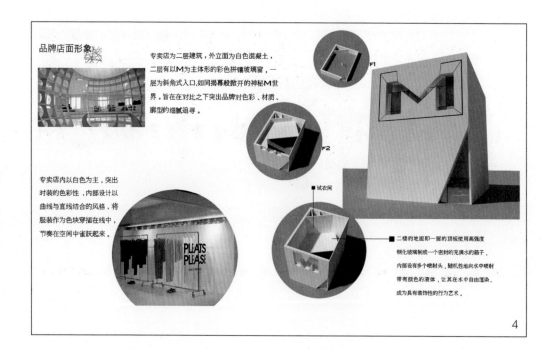

品牌店面形象

专卖店为二层建筑，外立面为白色混凝土，二层有以M为主体形的彩色拼镶玻璃窗，一层为斜角式入口，如同揭幕般掀开的神秘M世界。旨在在对比之下突出品牌对色彩、材质、廓型的细腻追寻。

F1

F2

专卖店内以白色为主，突出时装的色彩性，内部设计以曲线与直线结合的风格，将服装作为色块穿插在线中，节奏在空间中省跃起来。

试衣间

■ 二楼的地面即一层的顶板使用高强度钢化玻璃制成一个密封的充满水的箱子，内部设有多个喷射头，随机性地向水中喷射带有颜色的液体，让其在水中自由渲染，成为具有装饰性的行为艺术。

4

品牌广告宣传策略

1. 鉴于品牌初期对于产品质量的高要求必定导致高成本，所以初期的广告宣传成本占整体投资的20%。
2. 广告宣传渠道：商圈内平面广告张贴、利用网络、微博、杂志插页广告、店内购物小礼品等，同时举办各类小型的交流会提升品牌的知名，初入市场可在街道进行街道式的新品走秀，增加与消费者的亲近度，店内进行"回收——拥有"活动。
3. 品牌形象代言人：不采用名人代言，使用模特与普通人相结合的形式。

品牌竞争对象分析

	M	MARNI	DRIES VAN NOTEN	STELLAMCCARTNEY
风格	以色彩丰富、廓型宽松为主，质感温婉，且细腻设计感强，优雅未来感皮士形象丰富，冬季特风	印花为主，色彩丰富，质感温婉，廓型变化，冬未来感强	色彩丰富，廓型宽松，季季受搭配多样，善用印花，优雅不失趣味，冬季特风	宽松的廓型、色彩丰富，富有独立女性气息，冬季特风
用料	棉、麻、丝、羊毛、桃天丝等单色及印花面料	棉、丝、羊毛等印花及单色面料	棉、丝、羊毛等单色及印花面料	棉、丝、羊毛等多为单色面料
工艺水平	较好	很好	很好	很好
价位	RMB50~RMB6000(8000)	RMB1360~RMB20000	不详	$170~$2340
目标顾客年龄层	18~45岁	20岁以上	20岁以上	23岁以上
目标顾客收入	RMB200000以上	RMB10000左右	不详	$2000以上
目标顾客特点	热爱生活却又不同的人们	热爱趣味生活的人们	热爱生活的人们	有独立精神的女性
销售地点	北京三里屯village商区	北京国贸、连卡佛	连卡佛	连卡佛、season hotel
广告宣传	独立网站、杂志插页、公交站牌广告、街头走秀（行为艺术）	独立网站	独立网站（坚持不推广告和高级定制）	杂志插页（较少）、独立网站环保运动宣传
售后服务	【回收－拥有】计划	不详	不详	不详

5

品牌目标顾客群分析

目标消费人群受教育水平、收入水平以及职业类型：

在当前市场消费者分类混淆的状况下，M不对顾客进行明确的分类，M销售的是一种对生活的态度，销售的是一种积极向上的状态，在这里人人是平等的，而且兼崇尚混搭的穿衣态度，希望M的衣服能够成为时尚女性衣橱里的必备单品。

目标消费人群生活爱好：

M的消费者首先是有着积极的生活状态的都市女性，她们有着多变的造型，不拘泥于旧事物，敢于迈出改变的步伐，她们相信衣着可以改变自己的心情，乐观向上，不吝啬自己的笑容，她们可能出现在世界的任何一个角落。

目标消费人群年龄占比

单位：岁

区间	
18~20	
21~30	
30~35	
36~45	

0　　15　　30　　45　　60 (%)

图表分析：主要针对人群为22~28岁的年轻女性，同时也可以服务于36~45岁之间喜爱色彩且身材保持较好的女士。

6

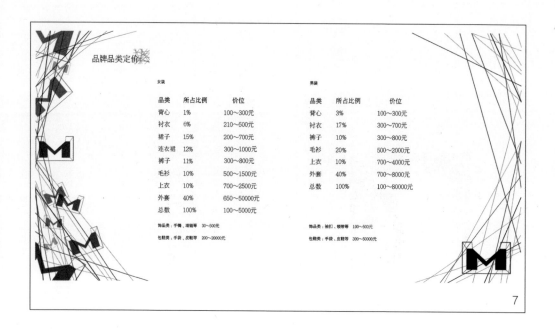

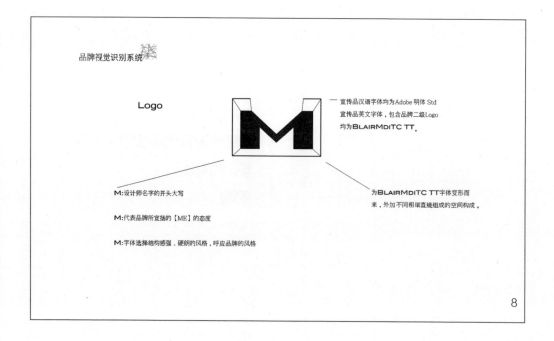

品牌品类定价

女装

品类	所占比例	价位
背心	1%	100~300元
衬衣	6%	210~500元
裙子	15%	200~700元
连衣裙	12%	300~1000元
裤子	11%	300~800元
毛衫	10%	500~1500元
上衣	10%	700~2500元
外套	40%	650~50000元
总数	100%	100~5000元

饰品类：手镯、项链等 30~500元

包鞋类：平袋、皮鞋等 200~20000元

男装

品类	所占比例	价位
背心	3%	100~300元
衬衣	17%	300~700元
裤子	10%	300~800元
毛衫	20%	500~2000元
上衣	10%	700~4000元
外套	40%	700~8000元
总数	100%	100~80000元

饰品类：袖扣、领带等 100~500元

包鞋类：手袋、皮鞋等 300~50000元

7

品牌视觉识别系统

Logo

宣传品汉语字体均为Adobe 明体 Std
宣传品英文字体，包含品牌二级Logo
均为BLAIRMdITC TT。

M:设计师名字的开头大写

M:代表品牌所宣扬的【ME】的态度

M:字体选择结构感强、硬朗的风格，呼应品牌的风格

为BLAIRMdITC TT字体变形而来，外加不同粗细直线组成的空间构成。

8

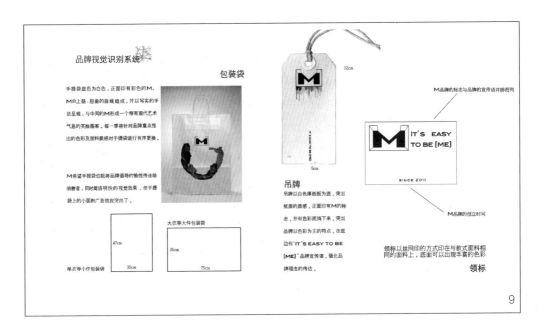

品牌视觉识别系统

包装袋

手提袋底色为白色，正面印有彩色的M，M由上扬、扭曲的曲线组成，并以写实的手法呈现，与中间的M形成一个带有现代艺术气息的突脸图案。每一季将针对品牌重点推出的色彩和面料质感对手提袋进行有序更换。

M希望手提袋也能将品牌愉悦的愉悦传递给消费者，同时简洁明快的视觉效果，使手提袋上的小面积广告效应突出了。

大衣等大件包装袋

35cm

75cm

47cm

35cm

单衣等小件包装袋

12cm

5cm

吊牌

吊牌以白色厚纸板为底，突出纸质的质感，正面印有M的标志，并有色彩滴落下来，突出品牌以色彩为主的特点。在底边有"IT'S EASY TO BE [ME]"品牌宣传语，强化品牌理念的传达。

M品牌的标志与品牌的宣传语并排而列

M IT'S EASY TO BE [ME]

SINCE 2011

M品牌的创立时间

领标以丝网印的方式印在与款式面料相同的面料上，底面可以出现丰富的色彩

领标

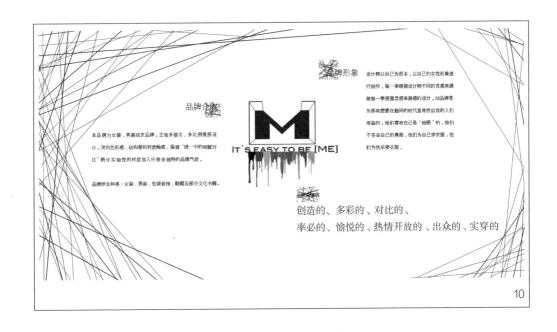

品牌形象

设计师以自己为范本，以自己的女性形象进行创作，每一季根据设计师不同的灵感来源做每一季很强灵感来源感的设计。M品牌是为那些想要在趋问的时代里寻找自我的人们准备的，他们喜欢自己是"抢眼"的，他们不吝啬自己的勇敢，他们为自己穿衣服，他们为快乐穿衣服。

品牌介绍

本品牌为女装、男装成衣品牌，主张多层次、多比例混搭设计，突出色彩感、结构感和材质触感，强调"统一中的细腻对比"稍许实验性的材质加入将带来独特的品牌气质。

品牌涉及种类：女装、男装、包袋首饰、鞋帽及部分文化书籍。

M IT'S EASY TO BE [ME]

创造的、多彩的、对比的、
率性的、愉悦的、热情开放的、出众的、实穿的

M 希望能给消费者带来不一样的感受，希望能用衣服给人们带来纯粹的愉悦与激情。

色彩或细腻或张扬的配搭，精致的细节与精心设计的排列比例关系是M所追求的。

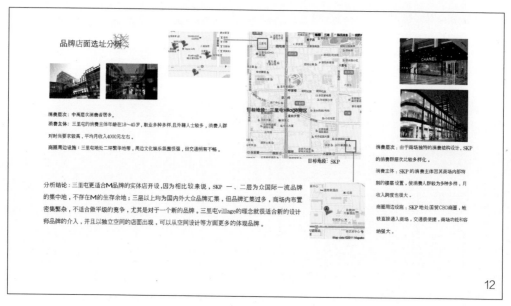

品牌店面选址分析

消费层次：中高层次消费者居多。

消费主体：三里屯的消费主体年龄在18~40岁，职业多种多样，且外籍人士较多，消费人群对时尚要求较高，平均月收入4000元左右。

商圈周边设施：三里屯地处二环繁华地带，周边文化娱乐氛围很强，但交通稍有不畅。

分析结论：三里屯更适合M品牌的实体店开设，因为相比较来说，SKP 一、二层为众国际一流品牌的集中地，不存在M的生存余地；三层以上均为国内外大众品牌汇集，但品牌汇集过多，商场内布置密集繁杂，不适合做平级的竞争，尤其是对于一个新的品牌。三里屯village的理念就很适合新的设计师品牌的介入，并且以独立空间的店面出现，可以从空间设计等方面更多的体现品牌。

消费层次：由于商场独特的消费结构设计，SKP的消费群层次比较多样化。

消费主体：SKP的消费主体因其商场内部特别的楼层设置，使消费人群较为多种多样，月收入跨度也很大。

商圈周边设施：SKP地处国贸CBD商圈，地铁直接通入商场，交通很便捷，商场功能和容纳强大。

12

注　本案例来自马思彤PPT作业

附录

续1——中央美术学院独立设计师现状

中央美术学院时装专业毕业的原创品牌设计师

中央美术学院的时装设计专业建立于2001年，2002年开始接收学生，2006年第一批毕业生走向社会。在这十几年的教学中一直致力于设计中的创新与审美，强调艺术、设计与商业的有机结合，并针对"个性需求"的市场培养高规格人才，强调学生艺术个性与创新能力的培养，强调发挥自身优势。在《时装设计·品牌》课程的熏陶下，毕业生们不仅拥有在服装成型过程中的技术操控能力，而且在服装品牌设计风格的掌控能力上也有突出表现，更有很多学生在走出校门的同时已经完成个人原创品牌的创建，在短短几年内，原创品牌独特的定位在业内形成影响。

一、设计师：于惋宁

- 毕业于中央美术学院时装设计专业。
- 2010年，开设独立工作室 Evening Fashion Gallary，并创立Evening品牌；同年，与艺术家赵半狄合作的设计在巴黎时装周展出。
- 2011年，作品《进化》参加香港举办的国际新材料展和韩国首尔举办的"时装遇到首饰"展，并获得"可穿的艺术"奖项。
- 2012年，推出第一个成衣系列《蜃楼》，灵感来自画家李尤松的绘画作品《工厂迷宫》，在嘉德秋季拍卖会上作为拍品亮相。
- 2013年，于惋宁2013春夏静态展示《植物和她》；同年，中国设计师品牌发布 Evening2014春夏《楼梯间》。
- 2014年，中国设计师品牌发布Evening2014秋冬《五禽戏》。

品牌的创立：

　　其实，在做这个品牌之初，我没有参加过工作，大学毕业后，我与艺术家合作做一些创作性的东西，我并不了解市场是怎样的，我也不知道实用性要到什么程度，会有什么样的契合人群，但是我知道我自己要穿什么，我觉得这就是一个最基本的需求，我喜欢什么样的衣服我就会穿什么样的，我在什么样的场合知道穿着什么样的衣服是得体而且好看的，我完全是按照一个非常自我的标准来设计。设计中我没有顾及别人的感受，但却有很多人喜欢我的设计，而且市场上也有一定的契合人群；这是我比较幸运的一点，我想那可能有一群人同样有着与我相同的想法，所以我才能慢慢地走下来。

于惋宁

作者点评：

　　这是一个典型的向自己内心发问，寻找自己品牌DNA的案例。许多设计师的偏好其实代表着一类人群。充分表达自己的观点，清晰地展现自己的审美倾向，也是明确自己风格的有效方法。

设计师代表作品：

《进化》

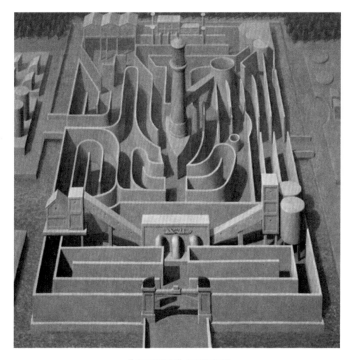

《工厂迷宫》灵感来源

成衣系列《蜃楼》

效果图绘制1

效果图绘制2

于惋宁 X-RAY（2013）

别致马海毛点缀一袭白装，
看似简洁的搭配
也变得份量感十足。

白色毛抽外套 Evening
白色衬衫 Y-VISON HOMME

《时尚芭莎》2014年8月刊

廓形针织、极简外套、修身半裙、运动风拉链风衣……Evening 的设计没有让人夺目的张扬，但每一件款式都可以看出设计师扎实的功能，取材五禽戏的有趣概念，强调了时装可以 24 小时穿着的实用性。再忙碌的 OL，都不能失去精致，从容和趣味性，每一件单品，都是你是升职场魅力的经典选择。

《悦己》2014年9月刊

Evening2014春夏——楼梯间

　　2013年10月28日，在上海雕塑艺术中心，由中国时尚同盟打造的中国时尚同盟设计师品牌发布在沪亮相，于惋宁带着她的"Evening温婉主义"为大家呈现了一场精彩的服装大秀，这个系列的灵感来源于设计师在楼梯间反复旋转向下时大脑产生的幻觉。重复的台阶、不停地旋转、狭窄的空间、强烈的秩序感，在这个被限定的空间中像万花筒般迸发的晕眩，这一切仿佛是一次从天而降的愉悦经历。为了呼应这种灵感，面料从冷灰色调的墙壁地面，渐变到眩晕的红色、玫瑰色、肉粉色碎花，以为印有旋转的楼梯和石头墙面的图案。同时，将旋转台阶的元素融合到略显笨拙的飘逸廓型当中，呈现出一段发生在楼梯间从理性的旋转至感性的生活的插曲。

《楼梯间》

Evening2014春夏——五禽戏

　　于惋宁尝试通过系列的设计，寻找古代流传的五禽戏和一个生活精致的现代人之间的微妙联系。设计师有感于古人在五禽戏中模仿动物的动作时惟妙惟肖的质朴幽默和人本身蕴藏的动物性：敏感、威猛、沉稳、轻灵，设计中的弧线拼接与线条模仿古人运动时动作的轨迹，将练习五禽戏的古人形态设计成叠加的图案，意会同一人不同时期的修炼，又是不同人同一时期的修炼。这个系列将现代都市和传统文化相结合，将人的外表形象和思想意识相结合，表达的生活状态虽忙碌、繁杂，却不失精致、从容和趣味。

《五禽戏》

二、设计师：魏腾飞

· 毕业于中央美术学院时装设计专业。

· 2010年，魏腾飞的时装设计作品参加了第六届彝族服饰大赛，获三等奖；同年，在北京国贸中心展厅举办的"中国当代时尚创意设计展"中参展。

· 2011年，Dolce & Gabbana在讲座中运用魏腾飞的女装设计图稿现场制作服装，并登上5月刊的*VOGUE*杂志；同年5月，魏腾飞创立了自己的时装设计师品牌高级定制工作室"JAMY WEE"；7月，参加《风尚志》周刊的2011中国青年设计师时装周，并举办个人时装秀；9月，在CHIC-YOUNG BLOOD（潮流品牌展）开办个人时装设计品牌"JAMY WEE"个人展；11月，时装品牌"JAMY WEE"由《风尚志》周刊、"摩托罗拉"共同赞助发布了2011-2012秋冬新款时装。

· 2012年8月，成立北京吉米魏衣服装有限公司；9月，作品受邀参加2012北京Fashion Art国际展；9月，受邀参加北京国际设计周中央美术学院、清华大学、北京服装学院三校时装秀；9月，受邀作为对话嘉宾参与"时尚设计北京24论坛"；10月，个人时装品牌JAMY WEE在由《风尚志》周刊举办的第二届中国青年设计师时装周中发布2012秋冬新款时装；10月在CHIC-YOUNG BLOOD（潮流品牌展）开办个人时装品牌JAMY WEE个人展。

· 2013年3月，受中国超级模特大赛邀请，成为时装组比赛的时装赞助方；4月，参加2013年大学生时装周。

魏腾飞个人时装设计品牌"JAMY WEE"是以他的英文名命名的，中文名为音译"吉米魏衣"；设计主要有"MORE ART"和"MORE FASHION"两大类，MORE ART的产品为更具装饰性的时装艺术产品，而MORE FASHION的产品则为更实用性的时装产品。他在设计每个系列的时候，都会先设计出一款符合主题的MORE ART，根据MORE ART的作品再去延续创作MORE FASHION的系列成衣。设计师魏腾飞认为，自己最想表达的是对时装、时尚的理解、想法和态度，最重要的就是自己的独立风格。

品牌的创立：

　　"自从进入中央美术学院时装设计系以后，通过导师的指导，自己的作品参加了很多次展览和时装秀，对我来说创立品牌最重要的动力，就是在2011年4月，Dolce & Gabbana的讲座中选用了我的女装设计图稿，并现场制作出来，这件事给了我创立品牌很大的信心，这对我当时来说是至高的荣耀，也是我更加坚信自己创作设计能力的力量支持。在2011中国青年设计师时装周中做了自己的时装秀之后，标志着JAMY WEE品牌的创立。"

魏腾飞

作者点评：

　　这是一个在自己名字中发现品牌主张的案例，也是向内心发问，用心感受生活的一个案例。设计源于生活，如果不是用心感受的话，就容易人云亦云，很难做出自己的风格。大家都有自己的生活，都生活在同样的地球之上。但是，人的个性差异还是能被感知的。挖掘自己的个性，用心体会、用心创作，就会有丰厚的收获。

设计师代表作品：

Dolce & Gabbana讲座现场

魏腾飞设计的哥本哈根皮草

JAMY WEE 2013年春夏成衣

明星身着魏腾飞的设计作品 《时装新娘》2013年11月刊

JAMY WEE 2015年春夏成衣

《时尚芭莎》2014年2月情人节特刊

三、设计师：聂郁蓉

- 毕业于中央美术学院时装设计专业。
- 2011年，创立"有耳uare"原创设计师品牌。
- 2013年，参加中国大学生时装周"模拟成真"时装发布会。

　　时装设计师聂郁蓉的自创品牌是"有耳UARE"，品牌名最初来源于她自己的姓名。聂郁蓉从小就很喜欢名字中间的"郁"字，在大学导师布置的模拟品牌课题训练中以此为启发，"郁"字不仅能代表自己的风格，并且是自己所爱，将"郁"字拆开就成了"有耳"。"有耳"寓意有耳乃闻，指用心倾听。品牌名的由来既有内涵又有趣。在初做品牌的半年中，其设计的服装被很多顾客所喜爱，聂郁蓉开始体会到作为设计师的喜悦与成就感，于是进行服装品牌的线上创业，并且在短时间内拥有了大量的客户。

品牌的创立：

　　"有耳uare"是我和孙磊2011年创立的原创设计师品牌。"有耳乃闻，用心倾听"。"有耳"作为年轻的设计师品牌，在基于自身对生活追求上，通过对时尚品位个性化的解读，从而塑造出具有自我生活状态的演绎。设计一直以服装的创意和情感为出发点，以产品为载体传达自己的态度，这是我们创立品牌的初衷。

聂郁蓉

设计师代表作品：

2014年春夏系列——出门饺子，回家面

　　"出门饺子，回家面"对我来说意义很大。为的不是这一句话，而是字里行间溢出的深刻感情。也许是这种风俗里固有的情节可以给我深深的感动，也会像清水一般静静滋养着我们的生命。我对于传统文化并不在行，但是老一辈人口口相传的老话却深深地烙印在我心中，每一句都是几千年的智慧与生活的积累，所以我十分珍爱这些"名言"。我希望将老一辈的智慧用我们的方式表达并延续下去，才有了"出门饺子，回家面"的设计作品。

聂郁蓉

《出门饺子，回家面》设计作品

	课程名称	自选品牌	限定品牌	原创品牌
目的	了解时装产业并能够准确地为原创品牌定位，是保证品牌和服装产品良性发展的前提	从大师品牌的调研中选取感兴趣的两个品牌，做深入专业化的调研	进行市场调研，收集大量资料和信息，对目标品牌、整体市场需求、同类产品等进行了解，将所收集的资料和信息进行分析并吸收，最后模拟目标品牌的操作方法进行系列设计，最终深化对品牌概念的理解	在广泛调研的基础上，从风格以及针对目标人群、价位等方面确定竞争品牌。调研包括：竞争品牌发展史；品牌设计团队的组成；设计师个人经历及近几季的产品设计、价位、宣传策略、销售策略等
调研内容	品牌DNA	●		●
	品牌内涵	●		●
	品牌VI	●		●
	品牌历史及设计师简历	●		
	品牌风格	●	●	●
	秀场款式	●		
	秀场与成衣比较	●		
	VMD视觉营销——SD——店铺空间设计与规划布局	●	●	●
	VMD视觉营销——MP——商品陈列形式	●	●	●
	VMD视觉营销——MD——商品计划、商品策略	●	●	●
	平面规划图	●		●
	服装品目、数量及比例	●	●	●
	消费群体	●	●	●
	价格范围	●	●	●
	类似品牌		●	

	课程名称	自选品牌	限定品牌	原创品牌
调研内容	竞争品牌			●
	产品推广		●	●
	营销策略		●	●
	销售业绩		●	●
	店员及售后服务		●	●
	模拟产品企划		●	●
	设计草图		●	●
	样衣实现		●	●
	产品实现			●
	个人DNA			●